Suneel Kumar
Deepa Mishra
Nitin Swamy

"Nanopartículas de prata: Técnicas e Aplicações em Síntese"

Suneel Kumar
Deepa Mishra
Nitin Swamy

"Nanopartículas de prata: Técnicas e Aplicações em Síntese"

"Explorar métodos de ponta e utilizações práticas da nanotecnologia"

ScienciaScripts

Cover image: www.ingimage.com

This book is a translation from the original published under ISBN 978-620-4-98074-4.

Publisher:
Sciencia Scripts
is a trademark of
Dodo Books Indian Ocean Ltd. and OmniScriptum S.R.L publishing group

120 High Road, East Finchley, London, N2 9ED, United Kingdom
Str. Armeneasca 28/1, office 1, Chisinau MD-2012, Republic of Moldova, Europe
Managing Directors: Ieva Konstantinova, Victoria Ursu
info@omniscriptum.com

Printed at: see last page
ISBN: 978-620-8-53911-5

"Nanopartículas de prata: Técnicas e Aplicações em Síntese"

Kumar• Mishra• Swamy

Sobre os autores

Dr. Suneel Kumar

O Dr. Suneel Kumar é um académico e investigador distinto com uma impressionante mistura de qualificações, incluindo um doutoramento, um mestrado e uma licenciatura em educação. Atualmente, é professor assistente e chefe do Departamento de Botânica no Govt. Girls College, Khargone, e conta com mais de três anos de experiência de ensino e cinco anos de experiência de investigação inovadora. O Dr. Kumar, que se especializou em biologia molecular e biotecnologia, contribuiu significativamente para o conhecimento científico, sendo autor de mais de 24 artigos de investigação e cinco capítulos de livros. O seu trabalho inovador valeu-lhe três patentes ao abrigo do sistema de patentes indiano, o que sublinha o seu empenho no avanço da ciência e da tecnologia. Para além do meio académico, o Dr. Kumar é um participante ativo na comunidade científica global, tendo participado em numerosos seminários e workshops, tanto a nível nacional como internacional. A sua dedicação à educação, investigação e inovação continua a inspirar e a moldar o futuro das ciências biológicas.

Deepa Mishra

Deepa Mishra trabalha como bolseira de investigação no Conselho Indiano de Investigação Médica - Instituto Nacional de Investigação em Saúde Tribal Jabalpur M.P. Tem também 2 anos de experiência de ensino aos níveis UG e PG, tendo trabalhado como Professora Assistente em Mata Gujri Mahila Mahavidyalya Jabalpur (Autónoma). Concluiu o seu mestrado em biotecnologia na Universidade Rani Durgawati de Jabalpur e a sua licenciatura no Rajindra College Bhatinda, afiliado à Universidade Punjabi de Patiala. A sua área de especialização é a imunologia, a virologia, a citologia e a nanotecnologia. Participou e apresentou trabalhos em conferências, seminários e workshops regionais, nacionais e internacionais. Tem publicações significativas na revista Scopus com um elevado fator de impacto. Atualmente, está a trabalhar na doença do vírus da dengue.

Nitin Swamy

Nitin Swamy é Professor Assistente no Departamento de Biotecnologia do St. Aloysius College, Jabalpur, onde desempenha um papel fundamental no avanço do panorama académico e da investigação. Aloysius College, em Jabalpur, onde desempenha um papel fundamental no avanço do panorama académico e da investigação. Com uma base sólida em biologia molecular, biotecnologia vegetal e nanotecnologia, traz uma riqueza de conhecimentos e experiência aos seus alunos e colegas. O seu empenhamento na educação é evidente através dos seus métodos de ensino cativantes e da sua dedicação à promoção de um ambiente de aprendizagem dinâmico. Nitin Swamy está ativamente envolvido em projectos de investigação que exploram soluções inovadoras para desafios científicos contemporâneos, contribuindo significativamente para o domínio da biotecnologia. É autor de vários artigos publicados em revistas indexadas à Scopus, contribuiu com numerosos capítulos de livros e é autor de um livro, estabelecendo ainda mais a sua influência e liderança na comunidade académica.

Prefácio

O campo da nanotecnologia revolucionou várias disciplinas científicas e, entre as suas muitas inovações, as nanopartículas de prata (AgNPs) destacam-se pelas suas propriedades notáveis e diversas aplicações. "Nanopartículas de prata: Técnicas e Aplicações em Síntese" tem como objetivo fornecer uma panorâmica abrangente dos métodos de síntese e das utilizações práticas das AgNPs, dirigindo-se tanto a investigadores principiantes como a profissionais experientes.

Este livro começa com uma introdução aos princípios fundamentais da síntese de nanopartículas, oferecendo uma perspetiva dos métodos químicos, físicos e biológicos utilizados para produzir nanopartículas de prata. A ênfase é colocada em técnicas de síntese ecológicas, destacando abordagens amigas do ambiente que se alinham com práticas científicas sustentáveis.

À medida que os leitores se aprofundam, irão explorar a funcionalização e a modificação das superfícies das AgNP, que são cruciais para melhorar o seu desempenho em várias aplicações. O livro abrange uma vasta gama de utilizações, desde aplicações médicas e ambientais a eletrónica e ciências dos materiais, demonstrando a versatilidade das nanopartículas de prata.

Ao integrar os conhecimentos teóricos com as perspectivas práticas, este livro constitui um recurso essencial para compreender o panorama atual e o potencial futuro das nanopartículas de prata na nanotecnologia. Esperamos que este trabalho inspire mais inovações e descobertas neste domínio excitante.

Autores

Agradecimentos

A conclusão de "Silver Nanoparticles: Techniques and Applications in Synthesis" não teria sido possível sem o apoio e as contribuições de numerosos indivíduos e instituições. A nossa mais profunda gratidão a todos aqueles que desempenharam um papel fundamental na realização deste livro.

Em primeiro lugar e acima de tudo, agradecemos aos nossos colegas e investigadores cujos conhecimentos e experiência enriqueceram grandemente o conteúdo deste livro. A sua dedicação ao avanço no domínio da nanotecnologia tem sido uma fonte constante de inspiração.

Estamos também gratos às instituições académicas e às instalações de investigação que forneceram os recursos e o ambiente necessários para a realização da investigação apresentada neste livro. O seu empenho em promover a inovação na ciência e na tecnologia é inestimável.

Um agradecimento especial às nossas famílias e amigos pelo seu apoio e encorajamento inabaláveis ao longo deste projeto. A sua paciência e compreensão foram fundamentais para ultrapassar os desafios encontrados ao longo do caminho.

Por fim, agradecemos os esforços da nossa equipa editorial, cuja atenção meticulosa aos pormenores e orientação editorial foram cruciais para dar forma a este livro. Esperamos que este trabalho contribua de forma significativa para a exploração e aplicação em curso das nanopartículas de prata em vários domínios.

Autores

Índice

Introdução

"A nanotecnologia é uma ideia em que a maioria das pessoas simplesmente não acreditava"-Ralph Merkle.

1. Introdução

A viagem da raça humana em direção à tecnologia é antiga e já vem de longe, mas nos últimos tempos, a nanotecnologia é a mais avançada e mais recente. Com o seu nome, o que vem à mente é uma tecnologia que lida com partículas de tamanho nanométrico

A nanotecnologia está a ganhar popularidade como um novo tópico de investigação devido ao seu papel no desenvolvimento de nanomateriais e nanopartículas para utilização em catálise, eletroquímica, biomedicina, produtos farmacêuticos, sensores, tecnologia alimentar, cosméticos e outros domínios [Haneefa et al. 2017, Bera. et.al. 2016]. Devido às suas caraterísticas distintivas em comparação com as suas substâncias a granel, as nanopartículas da nanotecnologia despertaram o interesse de numerosos investigadores. [Parveen et.al. 2016]. No início, o termo nanotecnologia foi uma palavra que Norio Taniguchi utilizou nos seus artigos de investigação em 1974 [Taniguchi 1974]. Segundo ele, a nanotecnologia diz respeito principalmente ao processamento de materiais, como a separação, a consolidação e a deformação de materiais por um átomo ou molécula, ou seja, 0,1- 0,2nm.

Quando combinada com outros avanços, a nanotecnologia tem potencial para ter um impacto positivo numa vasta gama de sectores. A nanotecnologia é "a conceção, caraterização, produção e aplicação de estruturas, dispositivos e sistemas através do controlo da forma e da dimensão à escala nanométrica". A biotecnologia surgiu como uma combinação de biotecnologia e nanotecnologia para o desenvolvimento de tecnologias de síntese de nanomateriais bioestáticas e respeitadoras do ambiente, utilizando plantas, micróbios, etc. [Narayanaswamy et al., 2015]. Estão disponíveis diferentes metodologias e técnicas, como abordagens químicas, físicas e biológicas, para produzir nanopartículas. Os métodos químicos geralmente utilizados na síntese de nanopartículas são a redução em soluções, as reacções químicas e fotoquímicas em micelas reversas, a condensação, o método Sol-Gel, a precipitação, a pirólise por pulverização, a pirólise a laser, etc., e o método físico inclui o processo assistido por micro-ondas, a irradiação por ultra-sons, o método eletroquímico por micro-ondas e a moagem de bolas, como se mostra na fig.1 [Bid and Pradhan 2003].

A síntese de nanopartículas divide-se em duas abordagens: a abordagem top-down, subdividida em alguns métodos físicos de síntese de nanomateriais, e a abordagem bottom-up, subdividida em métodos biológicos/síntese verde e métodos químicos. As abordagens "top-down" implicam a fatiagem ou o corte repetido de uma substância a granel para produzir partículas de dimensão nanométrica. O termo "abordagem ascendente" descreve a criação de uma substância átomo a átomo e molécula a molécula. A deposição átomo a átomo provoca a formação de átomos, moléculas e aglomerados que se auto-montam. Na superfície do substrato, estes aglomerados combinam-se para criar monocamadas auto-montadas.

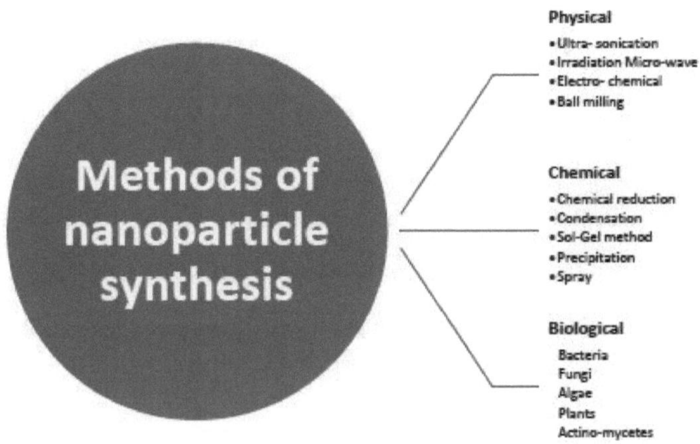

Figura 1Métodos de síntese de nanopartículas

Recentemente, tem sido dada atenção à produção de nanopartículas utilizando materiais biológicos como bactérias, actinobactérias, algas, fungos e plantas. Destes, foram realizados trabalhos maciços sobre a biossíntese de nanopartículas por plantas devido à sua capacidade de tolerância contra a acumulação de metais, à elevada afinidade de ligação e à maior absorção intracelular de iões metálicos em comparação com outros micróbios. Devido à sua relação custo-eficácia e à sua natureza amiga do ambiente, as plantas têm sido amplamente utilizadas para produzir nanopartículas. Até à data, foram publicados muitos artigos sobre a síntese de nanopartículas por plantas devido às suas propriedades redutoras, tipicamente responsáveis pela redução de compostos metálicos nas respectivas nanopartículas [Raghunandan et al., 2011; Chung et al., 2016; Thakkar et al., 2010; Bansod et al., 2013].

1.2 Classificação das nanopartículas:

As duas principais categorias de nanopartículas são as orgânicas e as inorgânicas.

As nanopartículas orgânicas incluem os fulerenos, o grafeno e o negro de fumo. Em contrapartida, as nanopartículas inorgânicas incluem as nanopartículas magnéticas, as nanopartículas semicondutoras (como o óxido de zinco e o óxido de titânio) e as nanopartículas de metais não nativos, como o ouro e a prata.

- **Nanopartículas orgânicas:** Estas nanopartículas não são tóxicas e são biodegradáveis, e algumas, como as micelas e os lipossomas, têm centros ocos conhecidos como nanocápsulas que as tornam sensíveis à radiação electromagnética, como o calor e a luz.
- **Nanopartículas de carbono:** As nanopartículas de carbono são nanopartículas formadas inteiramente por carbono. Incluem-se nas categorias de fulereno, grafeno e negro de fumo.
- **Fulerenos:** Os fulerenos são moléculas esféricas de carbono com átomos de carbono ligados entre si por hibridação sp2. A estrutura esférica compreende 28 a 1500 átomos de carbono e tem um diâmetro de até 8,2 nm para camadas simples e de 4 a 36 nm para fulerenos multicamadas [Ealias et al., 2017].
- **Grafeno:** Os fulerenos são moléculas esféricas de carbono com átomos de carbono ligados entre si por hibridação sp2. A estrutura esférica é composta por 28 a 1500 átomos de carbono e tem um diâmetro de até 8,2 nm para as camadas simples e de 4 a 36 nm para os fulerenos multicamadas.
- **Negro de fumo:** Substância amorfa de carbono com dimensões que variam entre 20 e 70 nm e uma forma tipicamente esférica.
- **Nanopartículas inorgânicas:** as nanopartículas não baseadas em carbono são designadas por nanopartículas inorgânicas. As nanopartículas

inorgânicas são normalmente definidas como sendo feitas de metal ou óxido metálico.

- **Nanopartículas magnéticas:** As nanopartículas magnéticas podem ser facilmente localizadas, manipuladas e direcionadas utilizando um campo magnético. Estas são compostas pelos elementos ferro, cobalto, níquel e respectivos óxidos. As nanopartículas magnéticas são úteis para a catálise, os fluidos magnéticos, o armazenamento de dados, a biomedicina, a imagiologia por ressonância magnética (IRM) e a remediação ambiental [Li et al.,2011].

1.3. Nanopartículas semicondutoras:

- **Óxido de zinco:** O zinco destaca-se entre os outros metais devido ao seu potencial redutor significativo, à sua reatividade moderada e aos seus cinco isótopos estáveis. O óxido de zinco (ZnO) é o mais apelativo entre as várias nanoestruturas à base de zinco devido à sua vasta gama de aplicações, ao seu carácter ecológico e às suas várias caraterísticas físico-químicas. [Rajeshkumar et al.,2021].

- **Óxido de titânio:** O dióxido de titânio ultrafino é outro nome para as nanopartículas de óxido de titânio. As esferas de dióxido de titânio têm um diâmetro inferior a 100 nm. O TiO_2 é um potencial material semicondutor. O TiO2 é criado como rutilo e anatase. As nanopartículas de TiO_2 são transparentes em vez de brancas, em contraste com as partículas maiores de TiO_2 - ambas com forte estabilidade fotoquímica e absorção de UV [Shi et al.,2013].

1.4. Nanopartículas de metais nobres:

- Nanopartículas de ouro: As nanopartículas de ouro apresentam propriedades físicas, químicas, ópticas e electrónicas. As nanopartículas de ouro apresentam-se como aglomerados de átomos de ouro um diâmetro até 100 nm. As nanopartículas de ouro (AuNPs) são também designadas por colóides de ouro. Os nanobastões, as nano-cascas, as nanocaixas e as nanoesferas de ouro são vários tipos de GNP. No estudo publicado na edição de julho de 2007 da revista Analytical Chemistry, cientistas da Universidade de Purdue utilizaram nanopartículas de ouro para detetar células cancerosas e cancro da mama [Pa ndey and Dahiya,2016].
- Nanopartículas de prata: O tamanho das nanopartículas de prata é de 10 nm - 100 nm, e a sua fórmula química é Ag. As nanopartículas de prata são partículas ultrafinas de prata. O seu tamanho varia entre dez e cem nanómetros e distinguem-se da prata a granel porque têm uma cor diferente da prata, como o amarelo. [Dutta, 2016].

1.5 Biossíntese de nanopartículas:

- Pensa-se que as nanopartículas metálicas utilizadas para todas as aplicações acima mencionadas são as mais promissoras devido às suas notáveis propriedades antibacterianas e à elevada relação área superficial/volume, que são de interesse para os investigadores devido à resistência microbiana aos iões metálicos, aos antibióticos e à emergência de estirpes resistentes que está a aumentar. [Khalil et al., 2018].
- Devido às suas qualidades distintivas, incluindo a estabilidade química, a boa condutividade, a atividade catalítica e, mais importante ainda, as actividades antibacteriana, antiviral, antifúngica e anti-inflamatória que podem ser incorporadas em

compósitos, as nanopartículas metálicas, especialmente as nanopartículas de prata, são um produto arquetípico do domínio da nanotecnologia. Componentes eléctricos, materiais supercondutores criogénicos, fibras, cosméticos e produtos alimentares [Forough et al.,2010]. Nas aplicações biomédicas, a prata actua como anti-sético e tem um amplo impacto biocida sobre os micróbios, rompendo a sua membrana unicelular e interferindo com a sua atividade enzimática. É utilizada em pensos para feridas, cremes tópicos, sprays anti-sépticos e têxteis. Devido às suas numerosas utilizações, a síntese de nanopartículas tem um grande interesse para a comunidade científica. As nanopartículas metálicas são também utilizadas com sucesso no diagnóstico e tratamento do cancro [Popescu et al., 2010; Polshettiwar et al.,2009]. A criação de nanopartículas envolve frequentemente vários processos químicos e físicos dispendiosos e possivelmente prejudiciais para o ambiente, que utilizam compostos perigosos e venenosos que representam muitos perigos biológicos.

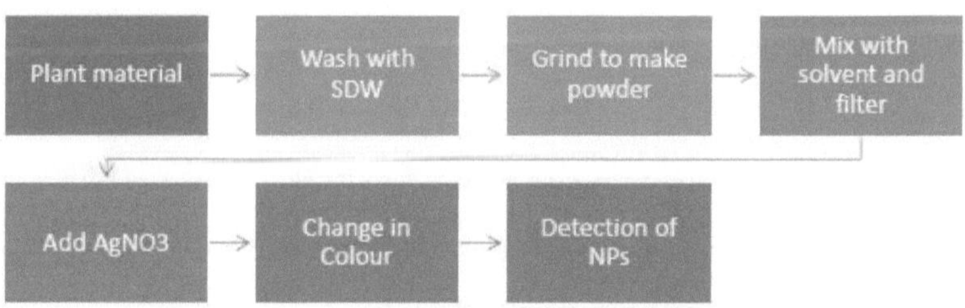

Figura2 Biofabricação de nanopartículas utilizando material vegetal

A criação de nanopartículas envolve frequentemente vários processos químicos e físicos dispendiosos e possivelmente prejudiciais para o ambiente, que utilizam compostos perigosos e venenosos que representam muitos perigos biológicos. Como resultado, está a desenvolver-se uma área crucial da nanotecnologia conhecida como "síntese verde".

Neste domínio, são utilizados materiais biológicos, como microrganismos, material vegetal extra ou biomassa vegetal, para produzir nanopartículas como alternativa ecológica aos processos químicos e físicos. [Panneerselvam et al.,2019].

No entanto, a manutenção de condições muito assépticas torna a síntese mediada por micróbios, um dos processos biológicos utilizados para criar nanopartículas metálicas, impraticável para uso comercial. Por conseguinte, a utilização de extractos de plantas para este fim é potencialmente vantajosa em relação aos microrganismos devido à facilidade de melhoramento, ao menor risco biológico e ao processo elaborado de manutenção de culturas celulares [Kalishwaralal et al., 2010]. O facto de ser desprovido de produtos químicos perigosos e de oferecer agentes de cobertura naturais para estabilizar as nanopartículas de prata torna-o a melhor plataforma para a síntese de nanopartículas. Além disso, a utilização de extractos de plantas reduz o preço do isolamento de microrganismos e da aquisição do seu meio de cultura, melhorando a viabilidade competitiva em termos de custos da utilização de micróbios para sintetizar nanopartículas. Várias plantas facilitam a síntese de nanopartículas. As estratégias para a síntese de nanopartículas envolvem a recolha da parte da planta desejada no local, lavando-a cuidadosamente duas ou três vezes com água da torneira para remover as epífitas e as plantas necróticas e, em seguida, lavando-a mais uma ou duas vezes com água destilada esterilizada para eliminar quaisquer detritos associados.

As fontes puras e frescas são secas à sombra durante 10 a 15 dias antes de serem moídas num misturador caseiro. Cerca de 10 g do pó seco são aquecidos com 100 mL de água destilada desionizada para fazer o caldo de plantas. A infusão resultante é então extensivamente filtrada para remover partículas insolúveis do caldo. Em seguida, a solução metálica de diferentes concentrações será adicionada a alguns ml de extrato de planta após a redução de iões de metal puro (I) para metal (0), que pode ser monitorizado medindo os espectros UV-visíveis da solução a intervalos regulares [Kalishwaralal et al., 2010].

1.6. Propriedades das nanopartículas

A síntese ecológica de nanopartículas através da utilização de microrganismos e plantas tem propriedades químicas, ópticas, magnéticas, mecânicas e electromagnéticas únicas (Ramesh et al., 2014). As plantas sintetizam as nanopartículas devido à diminuição da dimensão do ião metálico, que as propriedades da substância, como o aumento do volume da superfície de grandes dimensões, a redução da imperfeição e a conformação espacial, que variam em relação à forma original do material. As nanopartículas produzidas por plantas têm propriedades térmicas significativas devido a uma temperatura de transição e a um ponto de fusão mais baixos em comparação com a sua forma bruta. Verifica-se que quando o tamanho da partícula é inferior a 100 nm, o ponto de fusão das partículas é reduzido, e é atribuído para aumentar a sua energia de superfície com uma redução de nanopartículas [Nishanthi et al., 2016].

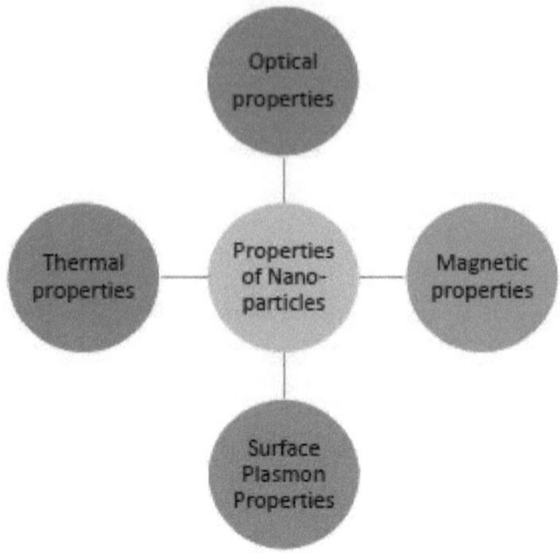

Figura3 Propriedades das nanopartículas biossintetizadas

Estas partículas também apresentam propriedades ópticas diferentes, o que contribui para as tornar sensores adequados em função da sua forma, tamanho e meio circundante. Também variam na região do visível devido à interação das nuvens de electrões na superfície das nanopartículas com a radiação electromagnética. As outras propriedades essenciais das nanopartículas são as propriedades magnéticas, que têm um papel significativo nas ciências médicas, especialmente em diferentes técnicas de diagnóstico. Algumas outras nanopartículas biossintetizadas à base de ferro, como o Feridex, são amplamente utilizadas no rastreio do movimento de inserção de células estaminais no local da ferida (Bulte et al., 1999) e também são utilizadas como dispositivos de armazenamento de memória magnética, melhoramento de imagens por ressonância magnética e refrigeração magnética, etc. (Shi et al., 1996). As nanopartículas apresentam também propriedades de plasmon de superfície devido à oscilação dos electrões na sua superfície na interface entre um dipolo negativo e positivo quando excitados pela fonte de luz. Estas propriedades de plasmon de superfície das nanopartículas coloidais ajudam a conhecer as diferentes propriedades físicas e químicas das moléculas, como as propriedades de adsorção e quimiossorção [Ramesh et al., 2014].

1.7. Nanopartículas de prata:

Devido às suas caraterísticas únicas, as nanopartículas de prata são amplamente utilizadas em catálise, deteção química, biossensorização, fotónica, eletrónica e medicamentos. [Sarkar et.al., 2010]. As aplicações biológicas das nanopartículas de prata, nomeadamente as suas propriedades antibacterianas, estão a surgir. [Hadrup et al., 2014]. As propriedades antimicrobianas das nanopartículas de prata adequam-se a vários artigos domésticos, incluindo tecidos, recipientes de armazenamento de alimentos, electrodomésticos e equipamento médico. [Marambio et.al., 2010]. A prata é um agente antimicrobiano eficaz com baixa toxicidade. O sector médico utiliza a prata e as nanopartículas de prata mais frequentemente em produtos como pomadas tópicas para prevenir infecções em queimaduras e feridas abertas. [Lui et al., 2006]. Devido às suas caraterísticas físico-químicas atractivas, as nanopartículas de prata têm um impacto significativo na biologia e na medicina. Uma vez que os produtos de prata são utilizados há séculos para prevenir e curar várias doenças, sobretudo infecções, é bem conhecido o seu potente efeito inibidor e bactericida e o seu amplo espetro de atividade antimicrobiana [Shankar et al., 2006]. As nanopartículas de prata possuem uma atividade antifúngica, anti-inflamatória, antiviral, anti-angiogénica e antiplaquetária, utilizando a maior atividade de supressão do crescimento contra *Staphylococcus aureus* (14,67 mM), *Klebsiella pneumoniae, Pseudomonas aeruginosa* (14,33 mM) e Escherichia coli (11,67 mM). As AgNPs fabricadas com extractos de folhas de *Skimmia laureola* apresentam uma ação antibacteriana [Wang et.al, 2000]. As AgNPs fabricadas a partir de extractos *de Rosmarinus officinalis* foram testadas quanto à sua eficácia antibacteriana contra bactérias gram-positivas; as zonas máximas de inibição contra *S. aureus* e *Bacillus subtilis*, respetivamente, foram de 21,52, 30,2 e 31,2 mm nas dosagens de 20, 40 e 80 mg/disco. As nanopartículas de prata de forma esférica das plantas *Ficus carica* também foram observadas, e a sua atividade antimicrobiana foi avaliada contra os microrganismos *Salmonella typhi*, *Escherichia coli*, *Salmonella aureus* e *Bacillus subtilis* (Ashokumar et al., 2015).

Da mesma forma, o extrato de *Malus domestica* foi utilizado por Roy et al., 2014, para criar nanopartículas com um diâmetro médio de 20 nm. A espetroscopia UV-Vis foi utilizada para analisar as nanopartículas, e a XRD e a TEM foram utilizadas para confirmar as suas fases e morfologia únicas. O FTIR foi depois utilizado para determinar quais as biomoléculas responsáveis pela redução e estabilização das nanopartículas. Shankar 2014 também utilizou o extrato de folhas de *gerânio* para criar nanopartículas de prata. As nanopartículas de prata produzidas tinham um tamanho médio de 40 nm e eram cristalinas e estáveis. Noutro estudo, o extrato de folhas de *Ficus benghalensis* produziu nanopartículas de prata estáveis, de forma esférica, com diâmetros médios que variavam entre 10 e 50 nm. A análise gravimétrica térmica (TGA), FTIR, SEM e XRD foram utilizados para examinar as propriedades das nanopartículas produzidas (Saware etr al., 2014). Utilizando um extrato de *Olea europaea*, Awwad et al., 2012 sintetizaram nanopartículas de prata, que foram depois caracterizadas por SEM, XRD e FTIR, produzindo partículas com diâmetros que variam entre 15 e 40 nm. As nanopartículas de prata foram produzidas utilizando o extrato de folha de oliveira para reduzir o nitrato de prata (AgNO3), tendo sido demonstrada a sua eficácia contra isolados bacterianos resistentes a medicamentos. Num estudo diferente, o extrato de folhas de *Argemone mexicana* também foi utilizado para criar nanopartículas de prata como agentes de cobertura e redução. Utilizando o espetrofotómetro de infravermelhos de transmissão de Fourier (FTIR), a microscopia eletrónica de varrimento (SEM), a difração de raios X (XRD) e a espetroscopia UV-Vis, foram examinadas as caraterísticas das nanopartículas sintetizadas. As nanopartículas de prata produzidas tinham um tamanho médio de 30 nm. Foram desenvolvidas NPs de Ag de vários tamanhos na forma coloidal utilizando extractos de plantas de *Citrus sinensis, Ocimum tenuiflorum, Solanum tricobatum, Syzygium* cumini e *Centella asiatica* [Brayner et al., 2008]. Todas as nanopartículas tinham um tamanho entre 22 e 65 nm. Num estudo diferente, foi utilizado um extrato vegetal de *Protium serratum* para biossintetizar nanopartículas de prata (AgNPs), que possuem propriedades etnomedicinais únicas. Utilizando UV-visível, dispersão dinâmica da luz, infravermelho com transformada de Fourier e microscopia eletrónica de varrimento, as AgNPs sintetizadas foram caracterizadas. A sua potencial atividade antibacteriana foi investigada contra agentes patogénicos de origem alimentar, especificamente Pseudomonas aeruginosa, Escherichia coli e Bacillus subtilis (Mohanta et al., 2017).As AgNPs foram produzidas através da combinação de extractos de três espécies vegetais distintas: o rizoma de Acorus calamus, as folhas *de Moringa oleifera* e as pétalas de Cucurbita maxima. Utilizando ensaios MTT contra células de carcinoma epidermoide A431, verificou-se que a atividade antibacteriana e anticancerígena das AgNPs sintetizadas com extractos de rizoma de *A. calamus* era a mais elevada entre as três nanopartículas sintetizadas.

1.8. Nanopartículas de ouro.

A investigação sobre as utilizações biomédicas das nanopartículas de ouro (GNP) tornou-se recentemente muito ativa [Pankhurst et al., 2003; Raveendran et al., 2003]. A marcação de ácido desoxirribonucleico, a marcação fluorescente, a engenharia de tecidos, a ablação fototérmica, os agentes de contraste para a imagiologia por ressonância magnética e outras técnicas de imagiologia são apenas algumas das muitas aplicações biomédicas potenciais que têm sido investigadas [Salem et al., 2021; Malik et al. 2014]. Os principais factores que contribuem para o interesse nas nanopartículas de ouro são a relativa simplicidade da sua produção, o forte controlo sobre os seus tamanhos e formas, as suas propriedades ópticas e a sua boa biocompatibilidade. É desejável empregar produtos químicos não tóxicos para aumentar a biocompatibilidade das nanopartículas de ouro [Wang et al., 2016] forneceram uma síntese de nanopartículas de ouro que utilizou uma técnica eletroquímica com um líquido iónico amino-terminado para redução de iões e estabilização de GNP. Foram produzidas pequenas NPs com um tamanho médio de 1,7 nm utilizando este método. De acordo com [Huang et al., 2010], o extrato tânico das *amoras* pode servir como agente redutor e protetor, produzindo GNPs com um tamanho médio de 2 nm. Com base em medições ultravioleta-visível (UV-vis), Sharma et al. [2018] relataram que a produção de GNP pode empregar extrato de folha de chá. Descobriu-se que a alteração da concentração do extrato da folha de chá poderia ser utilizada para regular o tamanho dos GNPs produzidos. [Suman et al., 2014

utilizaram um extrato de raiz de *Morinda citrifolia* que foi arrefecido até à temperatura ambiente, tendo as GNP resultantes variado em tamanho de 8 a 17 nm. Num trabalho, o fruto *de Citrus maxima* foi utilizado para sintetizar AuNPs esféricas com uma gama de tamanhos de 15-35 nm em menos de 5 minutos. Acreditava-se que as principais substâncias que funcionavam como agentes redutores durante a reação eram as proteínas, os terpenos e o ácido ascórbico. [Yu et al., 2016]. Além disso, o forte conteúdo fenólico *do Sambucus nigra (sabugueiro)* foi o ingrediente principal na criação de AuNPs. Além disso, os aminoácidos são os componentes activos das flores de *Lonicera Japonica* e, num período de reação de uma hora, foram sintetizadas eficazmente AuNPs triangulares e tetraédricas com uma gama de tamanhos de 8 nm. [Nagajyothi et al., 2014]. De acordo com a investigação, a razão molar das AuNPs mediadas por plantas modificadas com tioglicolato de metilo (MTG) e metoxi polietileno glicol tiolado (HS-mPEG) é de 1:1. Os conjugados DOX-AuNPs resultantes demonstraram um aumento da libertação de fármaco sensível ao pH sob o pH 5,3 em comparação com o pH 7 padrão quando a doxorrubicina (DOX) foi conjugada com MTG através de uma ligação de hidrazina. Du et.al., 2014]. Em alguns estudos, as nanopartículas de ouro preparadas a partir de diferentes plantas, como *a Lonicera japonica,* foram investigadas contra linhas celulares cancerígenas. A eficácia anticancerígena das nanopartículas de Ag e Au derivadas de raízes de *Pleuropterus multiflorus* foi examinada relativamente à linha celular de cancro do pulmão A549. Afirmou-se que foram sintetizadas nanopartículas de Au poliformes utilizando o extrato de casca de *Saraca indica* e investigou-se a redução catalítica. Do mesmo modo, as nanopartículas de Au sintetizadas com o extrato da planta *Mucuna pruriens* foram investigadas como medicamento antiparkinsoniano. As nanopartículas de ouro foram também desenvolvidas a partir de *Ziziphus ziziphus* e caracterizadas através de microscopia eletrónica de transmissão (TEM), microscópio eletrónico de varrimento (SEM) e microscopia de força atómica (AFM), difração de raios X (XRD), espetroscopia UV-visível, raios X dispersivos de energia (EDX) e análises termogravimétricas (TGA). As nanopartículas preparadas a partir do extrato da planta eram biocompatíveis e não exibiam efeito antimicrobiano ou antifúngico, considerando as partículas seguras para várias aplicações em nanomedicina (Aljabali et al., 2018; Patil et al., 2019). Quando a solução aquosa de $HAuCl_4$ foi combinada com o extrato da planta Salix alba, a cor mudou para vermelho rubi, significando a conversão de iões de ouro em AuNPs. Os tamanhos das partículas foram determinados como 63 nm e 50-80 nm, respetivamente, com base nos dados AFM e SEM (Jalil et al., 2019). Num estudo, o extrato da planta *Mentha spicata* e o extrato da planta *Pelargonium inquinans* foram adicionados a uma solução aquosa de $HAuCl_4$ em ebulição. Isto fez com que a cor da solução mudasse de amarelo para vermelho, indicando a síntese de AuNPs. Utilizando extractos das plantas Mentha e Pelargonium, observou-se que o tamanho das AuNPs era de 34 e 33,80 nm, respetivamente (Jafarizad et al., 2015). Os investigadores também descreveram o extrato aquoso e etanólico de AuNPs, uma nanoestrutura sintética derivada de Taxus baccata. Para determinar o tamanho das nanopartículas biossintetizadas, foram utilizadas várias técnicas, tais como TEM, SEM, FT-IR e espetroscopia UV-Vis, e a eficácia anticancerígena das AuNPs coloidais em linhas celulares, incluindo Caov-4, MCF-7 e HeLa, foi investigada utilizando o ensaio MTT (Kajani et al., 2016). Um estudo revelou que a doxorrubicina foi administrada a ratinhos fêmeas C57BL6/J in vitro e in vivo utilizando nanopartículas de ouro sintetizadas em verde feitas a partir de extrato de folhas de *Peltophorum pterocarpum* (PP). Quando comparada com a doxorrubicina livre e com um modelo não tratado, a administração de um sistema de administração de fármacos biossintetizado carregado de doxorrubicina (b-Au-PP-Dox) inibiu significativamente o desenvolvimento de células cancerígenas (A549, B16F10) in vitro e o crescimento de tumores in vivo (Mukherjee et al., 2016). Noutro estudo, Sakthive [2008] utilizou um extrato de folhas de *Corian drum sativum* (coentros) para criar uma variedade de nanopartículas de ouro com formas esféricas, triangulares e decaédricas, com tamanhos entre 7 e 58 nm. Do mesmo modo, um extrato aquoso de *Terminalia chebula* foi utilizado noutro estudo por Edison e Sethuraman (2012) para produzir nanopartículas de ouro com tamanhos entre 6 e 60 nm e eficazes contra *S. aureus* e *E. coli.*

1.9. Nanopartículas de ferro

As nanopartículas de Fe são altamente magnéticas, têm uma grande área de superfície e são condutoras térmicas e eléctricas. Além disso, oferecem uma estabilidade dimensional extraordinária. As nanopartículas de ferro são referidas como nanopartículas magnéticas devido às suas caraterísticas magnéticas. Devido às suas inúmeras utilizações potenciais em spintrónica, biologia e medicina, as nanopartículas magnéticas têm recebido muita atenção nos últimos anos. Abaixo de uma determinada dimensão (frequentemente 10-20 nm), as nanopartículas ferrosas ou ferromagnéticas podem apresentar superparamagnetismo, um tipo particular de magnetismo. As nanopartículas de ferro têm muitas utilizações, incluindo aplicações magnéticas e eléctricas, utilizações biomédicas, como a marcação e a separação magnética de materiais biológicos, a administração dirigida de medicamentos, o aumento do contraste da ressonância magnética e o tratamento da hipertermia.

Aminoácidos, polifenóis, bases azotadas e açúcares redutores são apenas alguns dos componentes de diversas ervas, especiarias e plantas que funcionam como potentes antioxidantes. Estes compostos actuam como agentes de cobertura [Valentin et al., 2014; Raveendran et al., 2003] e redutores para a biofabricação de nanopartículas. Quanto à diversidade vegetal, a alteração da fonte do extrato pode regular a forma e o tamanho das nanopartículas desejadas [Malik et al., 2014]. Para além dos seus benefícios económicos, um extrato de folha de planta utilizado para a síntese de NP pode ser ampliado e utilizado para fabrico em grande escala [Praveen et al., 2013]. As nanopartículas de metal e de óxido de metal criadas a partir de um extrato de planta são tipicamente estáveis e não apresentam quaisquer alterações perceptíveis mesmo após um mês [Ayman et al., 2013]. Em estudos anteriores, os extractos aquosos de folhas, raízes, caule e flores de *Datura inoxia, Calotropis procera, Euphorbia milii, Tinospora cordifolia, Cymbopogon citratus* e *Tridax procumbens* foram utilizados para avaliar o seu potencial na síntese de nanopartículas de ferro. A NP de ferro, com um tamanho médio de 60 nm, foi criada por Luo et al. [2014] utilizando extrato metanólico de folha de uva. A presença de biomoléculas envolvidas na criação de nanopartículas, como fitóis, terpenóides e antioxidantes, foi validada por cromatografia gasosa de massa espetrometria (GC-MS). Makarov et al.(2014) também relataram a síntese de nanopartículas de óxido de ferro utilizando um extrato aquoso de Rumex acetosa e Hordeum vulgare numa investigação diferente. As nanopartículas de óxido de ferro amorfo (Fe3O4) com um tamanho máximo de partícula de 30 nm foram geradas por *Hordeum vulgare*. O pH teve um impacto significativo na estabilidade das nanopartículas de ferro. Os autores deste trabalho descobriram que a adição de 40 mM de tampão citrato de pH 3,0 melhorava a estabilidade das nanopartículas de ferro produzidas por H. vulgare.

Da mesma forma, um extrato de *Rumex acetosa* foi utilizado para criar nanopartículas de ferro amorfo com um diâmetro de 10-40 nm. As nanopartículas de ferro que sintetiza são muito mais estáveis porque o extrato de R. acetosa tem um pH mais baixo (pH = 3,7) do que o de H. vulgare (pH 5,8). As folhas de *Phoenix dactylifera* foram utilizadas na síntese vegetal de nanopartículas de ferro, e as nanopartículas foram caracterizadas utilizando espetroscopia UV-visível, espetroscopia de infravermelhos com transformada de Fourier (FTIR) e análise nano zeta-sizer. As nanopartículas biossintetizadas foram testadas quanto à sua capacidade de inibir o crescimento de *Escherichia coli, Bacillus subtilis,*

Micrococcus leutus e *Klebsiella pneumoniae.*

1.10. Nanopartículas de zinco:

De acordo com os relatórios, as nanopartículas de óxido de zinco biossintetizadas amigas do ambiente têm vários benefícios, incluindo a eficácia antibacteriana contra micróbios, a administração de medicamentos e o tratamento anticancerígeno [Ahmed et al., 2017]. Alguns estudos investigaram a forma como as nanopartículas de óxido de zinco biossintetizadas afectam a produção in vitro de biomassa e de produtos químicos bioactivos pelas plantas. Por exemplo, as NPs de ZnO em baixas concentrações aumentaram o crescimento de calos, demonstrando o envolvimento da nanopartícula na regeneração, descontaminação, organogénese e indução de calos, bem como na ativação de uma proteína essencial para o crescimento [Kouhi et al., 2018; Kavianifaret.al., 2018, Marslin et al., 2017].

O extrato vegetal da erva medicinal nativa *Cayratia pedata* e o derivado de nitrato de zinco foram utilizados para criar as nanopartículas de forma eficaz. Foram utilizadas diferentes quantidades de 0,1 mM Zn (NO3)2.6H2O e a temperatura da reação foi mantida constante a 55 °C, 65 °C e 75 °C. A enzima glucose oxidase foi imobilizada utilizando as nanopartículas sintetizadas. Quando a glucose oxidase foi imobilizada com as nanopartículas de ZnO sintetizadas a verde, obteve-se uma atividade relativa de 60%. Num estudo, as NPs de ZnO foram produzidas biologicamente utilizando as folhas de *Ochradenus arasbicus*, e o seu impacto na morfologia e fisiologia de *Maerua oblongifolia* foi examinado. A microscopia eletrónica de transmissão (TEM), o difratómetro de raios X (XRD), a espetroscopia de infravermelhos com transformada de Fourier (FT-IR) e a espetroscopia de UV-visível (UV-vis) foram utilizados para caraterizar as NPs de ZnO [Aswathy et al., 2021]. Utilizando um método ecológico, foram produzidas nanopartículas de óxido de zinco a partir do extrato local de folhas de *Lippia adoensis* "Koseret", uma planta medicinal endémica cultivada em jardins de quintais em toda a Etiópia. Por difusão em disco, as nanopartículas de óxido de zinco biossintetizadas foram testadas contra estirpes clínicas e padrão de Escherichia Coli, Klebsiella pneumonia, Staphylococcus aureus e *Enterococcus faecalis*. De acordo com os resultados desta investigação, as estirpes bacterianas Gram-positivas e Gram-negativas responderam favoravelmente às nanopartículas de ZnO feitas com extrato de folha de *Lippia adoensis* [Shaikhaldein et al., 2021, Demissie et al., 2020]. O extrato de Aloe vera foi usado por Gunalan et al. para sintetizar verde ZnO NPs. Em comparação com o ZnO a granel e as NPs de ZnO feitas pelo método químico, as NPs de ZnO sintetizadas a partir do extrato de Aloe vera exibiram uma atividade antibacteriana mais potente. Estes resultados mostram que tecnologias mais seguras, mais fáceis e menos dispendiosas podem fabricar com sucesso NPs de ZnO. Para além disso, a comunidade biomédica tem estado mais interessada na síntese de nanopartículas de ZnO (NPs de ZnO) mediada por plantas. Isto deve-se principalmente ao facto de se ter demonstrado que as NPs de ZnO mediadas por plantas têm uma atividade biológica mais elevada do que o ZnO a granel, os extractos de plantas e as NPs de ZnO fabricadas quimicamente (Gunalan et al., 2012). O extrato de casca de *Nephelium lappaceum* também foi utilizado para produzir nanopartículas de zinco. O extrato de fruta serviu como bio-redutor para sintetizar NPs durante o procedimento. O tamanho médio foi determinado utilizando a equação de Scherrer, que foi de 25,67 nm. As micrografias TEM e SEM confirmaram a forma esférica das NPs, que tinham um diâmetro de 25-40 nm (Karnan et al., 2016). As nanopartículas de ZnO foram sintetizadas por Nava et al. (2017) utilizando extractos de frutos de C. paradisi (toranja), C. sinensis (laranja), L. esculentum (tomate) e C. aurantifolia (limão). Os exames TEM revelaram que as NPs de ZnO bio-inspiradas tinham formas poliédricas com um tamanho médio de 19,66 nm. As nanopartículas produzidas exibiram propriedades antibacterianas e fotocatalíticas. Outro trabalho utilizou o extrato de frutos de *C. edulis* e técnicas de extração assistidas por micro-ondas para sintetizar NPs de ZnO. A estrutura cristalina hexagonal das NPs foi demonstrada pela análise XRD. No entanto, o SEM revelou NPs em forma de flor com um tamanho médio de 50-55 nm. A capacidade de degradação fotocatalítica das nanopartículas produzidas foi avaliada utilizando o corante vermelho Congo. Em outro trabalho de pesquisa, Fakhri et al. (2018) prepararam nanopartículas de ZnO a partir do extrato de folhas de Laurus nobilis L. e caracterizaram as nanopartículas usando espetroscopia ultravioleta-visível (UV-Vis), espetroscopia de infravermelho com transformada de Fourier (FT-IR), análise de difração de raios X (XRD), análise de raios X por dispersão de energia (EDX) e microscopia eletrônica de varredura (SEM). A técnica XRD demonstrou a produção de uma estrutura hexagonal wurtzite, enquanto as investigações SEM revelaram uma forma esférica com um tamanho médio de 21,49 e 25,26 nm. Num outro trabalho de investigação, as NPs de Zno foram produzidas a partir do extrato de Aloe barbadensis Mill, e as técnicas espectroscópicas e de microscopia eletrónica mediram a sua formação. O tamanho médio das nanopartículas foi formado de 35nm a 48nm (Fowsiya et al., 2016). O extrato de folha de *Prosopis farcta* também foi utilizado para criar NPs de ZnO, que foram depois caracterizadas utilizando uma variedade de técnicas, incluindo Raman, FT-IR, absorção UV-Vis, Microscopia Eletrónica de Transmissão (TEM), FESEM, Difração de Raios X em Pó (PXRD) e análise de raios X por dispersão de energia (EDX). De acordo com os resultados, as nanopartículas sintetizadas têm uma forma hexagonal e uma forma de folha com tamanhos que variam entre 40 e 80 nm. A atividade antifúngica das ZnO-NPs contra

Candida albicans revelou que a sua concentração fungicida mínima (MFC) foi de 256 µg/ml, enquanto a sua concentração inibitória mínima (MIC) foi de 128 µg/ml. A citotoxicidade das nanopartículas produzidas foi avaliada em células de cancro da mama MCF7, tendo sido determinado um IC50 de 90 µg/ml.

1.11. Nanopartículas de cobre

As NPs de Cu e CuO têm sido utilizadas numa vasta gama de aplicações biotecnológicas e medicinais, bem como em aditivos nutricionais, aditivos para lubrificantes, sensores químicos e materiais de revestimento. Muitos estudos descreveram anteriormente a produção de NPs de Cu utilizando extractos de diversas plantas em todo o mundo [Kulkarni et al., 2014]. Numerosos estudos anteriores mostraram que os precursores comuns de sal de cobre acetato cúprico (monohidratado) ((CH3COO)2CuH2O), cloreto de cobre di-hidratado ((CuCl2. 2H2O)20 e sulfato de cobre penta-hidratado ((CuSO4.5HO) podem ser usados para sintetizar nanopartículas de cobre (Cu NPs) [Chung et al., 2017, Thakur et al., 2018]. Devido à abundância de produtos químicos bioativos nas plantas, várias partes de plantas ou plantas inteiras foram empregadas na produção verde de NPs de Cu. Para este efeito, foram utilizados com sucesso extractos de plantas de *Nerium oleander, Punica granatum, Aegle marmelos* & *Ocimum sanctum,* e *Zingiber officinale* [Kaur et al., 2016].

Foi também descoberta a existência de substâncias fisiologicamente activas no caldo de folhas de *Azadirachta indica*, que podem ser associadas à redução dos iões de cobre para obter nanopartículas de cobre estáveis. Também foi relatado que nanopartículas de cobre sintetizadas ecologicamente e cobertas com *T. cordifolia* se formaram. [Nagar et al., 2018; Sharma et al., 2018] A síntese de nanopartículas de Cu foi sintetizada com sucesso com extractos de várias partes de espécies vegetais que incluem *Citrus medica Linn.* (Idilimbu) sumo, *Ziziphus spina-christi (L.) Willd, Asparagus adscendens Roxb.*

Raiz e folhas de *Eclipta prostrata*, *Ginkgo biloba Linn,* folha de *Plantago asiatica*, *Thymus vulgaris* L, folhas de chá preto, folha de *Terminalia catappa* [Asghar et al., 2020]. A síntese de NPs de Cu utilizando extrato de plantas demonstrou uma boa influência antimicrobiana em *Bacillus spp.* e uma influência fungicida proeminente em microrganismos *Penicillium* spp. As NPs de Cu apresentaram uma inibição mais significativa de *Escherichia coli* do que de *Klebsiella pneumoniae*, Pseudomonas aeruginosa, Propionibacterium acnes e *Salmonella typhi*. Verificou-se que *Fusarium culmorum* estabeleceu fungos patogénicos de plantas mais sensíveis.

As NPs de Cu também foram utilizadas para actividades antioxidantes e citotóxicas. Para a reação de Huisgen [3 + 2], as NPs de Cu geradas a partir do extrato de folhas de *Ginkgo biloba L.* foram utilizadas como catalisadores. As Cu-NPs criadas a partir do extrato de frutos de *Z. spina-christi* foram nano-adsorventes eficazes na remoção de Crystal Violet de uma solução aquosa. As NPs de Cu produzidas a partir do extrato da casca *de Punica granatum* mostraram uma supressão antibacteriana substancial contra microorganismos. Em geral, muitos extractos de plantas têm sido utilizados na produção ecológica de nanopartículas de cobre e de óxido de cobre para utilizações que incluem a catálise, a atividade antibacteriana (trato urinário), a fotocatálise, os antioxidantes e a decomposição de corantes orgânicos [Amer et al., 2016; Cuevas et al., 2015, Saranyaadevi et al., 2014].

Síntese de nanopartículas de platina por fungos:

Os extractos de plantas são há muito considerados como um método seguro, benigno para o ambiente e biocompatível para a produção de PtNPs que também são ecológicas. A fitossíntese de PtNPs substituiu os actuais processos sintéticos arriscados e em várias etapas. A aplicação de estratégias verdes utilizando plantas e extractos de plantas foi objeto de algumas investigações (Thirumurugan et al., 2016). Numa investigação, os iões Pt(IV) foram incubados com caldo de folhas de *Azadirachta indica* durante uma hora a 100°C. Os terpenóides encontrados nas folhas de Azadirachta indica eram agentes redutores e de cobertura. Para aumentar a monodispersão das NPs, as PtNPs produzidas foram submetidas a 30 minutos de sonicação. Um estudo recente utilizou o extrato de sementes de *Nigella sativa*, ou cominho preto, para relatar a fotossíntese de PtNPs. Os iões Pt(IV) foram agitados com o extrato de cominho preto a 200 rpm e a 75 °C durante dois dias. Kumar et al.(2013) utilizaram o extrato de fruta de *Terminalia chebula* para desenvolver um processo único e simples para a produção de PtNPs. Devido à sua abundância na natureza e ao elevado teor de polifenóis, *a Terminalia chebula* tem sido estudada por muitos investigadores para utilização na biossíntese de MNPs. Durante dez minutos, a temperatura da reação foi mantida a 100 °C. Os polifenóis no extrato da fruta facilitaram a diminuição dos íons Pt (IV) (Ayguna et al., 2019). Kumar et al. (2013) criaram uma etapa única e simples para a biossíntese de PtNPs, empregando o extrato de frutas de *Terminalia chebula*. Muitos pesquisadores consideraram o uso de *Terminalia chebula* na biossíntese de MNPs devido à sua abundância natural e conteúdo polifenólico. A temperatura da reação foi mantida a 100 °C durante 10 minutos. Os polifenóis presentes no extrato do fruto mediaram a redução dos iões Pt(IV). No seu estudo de 2010, Song et al. relataram uma síntese verde de PtNPs utilizando o extrato de folhas de Diospyros kaki (caqui), que resultou numa redução de >90% dos iões Pt(IV) em PtNPs após duas a três horas a 95 °C. Sheny et al. (2013) também criaram PtNPs combinando iões Pt(IV) com pó de folhas de Anacardium occidentale à mesma temperatura (95 °C).

Factores que afectam a síntese de nanopartículas por fungos:

Vários factores ambientais afectam a síntese de nanopartículas e o crescimento dos fungos; a temperatura, a concentração de iões metálicos, o pH, a concentração dos extractos, a concentração das matérias-primas, o período de incubação e a mistura de reação desempenham um papel importante na síntese de nanopartículas. Por conseguinte, as condições de otimização são vitais para apoiar um bom crescimento e aumentar o rendimento dos produtos.

pH

O pH é um fator essencial que afecta a biossíntese de nanopartículas por fungos. As variações de pH afectam geralmente a morfologia das nanopartículas (Rajput et al., 2016). Muitos dos estudos observaram que o pH do meio afecta o tamanho e a forma das nanopartículas e pode ser controlado alterando o pH da solução (Soni e Prakash 2011). Noutro estudo, Pandey et al. (2012) também observaram o efeito do pH na estabilidade das nanopartículas. Verificaram que as nanopartículas de ouro apresentam uma estabilidade máxima a pH 10 utilizando um extrato aquoso de *Momordica charantia.*

Temperatura

A temperatura é outro fator físico significativo que influencia a síntese de nanopartículas através de fungos. A temperatura do meio de reação ajuda a determinar a natureza da nanopartícula sintetizada. A maior taxa de redução dos iões metálicos ocorre a temperaturas mais elevadas devido ao consumo de iões metálicos na formação de núcleos (Vanaja et al., 2013). Raliya e Tarafdar (2014) também concluíram que a concentração de 0,1 mmol/L de sal precursor incubado durante 72 horas a pH 5,5 e temperatura de 28°C resultou na formação de nanopartículas de grandes dimensões.

Concentração do ião metálico

A concentração dos iões metálicos também afecta a biossíntese das nanopartículas. Quando a concentração de iões metálicos no meio de reação aumenta, a síntese e a redução do tamanho são desencadeadas pela disponibilidade abundante de grupos funcionais no extrato. O aumento da concentração de iões de prata de 1mM para 5mM na mistura de reação revelou que, na concentração de 1mM, a síntese de nanopartículas e a redução do tamanho começaram rapidamente devido à maior disponibilidade de grupos funcionais no extrato. No entanto, ao aumentar a concentração de substrato, o tamanho grande e a agregação das nanopartículas ocorreram devido aos iões de prata e aos grupos funcionais (Vanaja et al., 2013).

Efeito do tempo e da idade

A qualidade e o tamanho das nanopartículas são altamente afectados pelos períodos durante os quais o meio de reação é incubado. Por conseguinte, as caraterísticas das nanopartículas mudaram com o período de muitas formas, como o armazenamento prolongado das partículas ou o encolhimento durante a conservação prolongada (Darroudi et al., 2011; Kuchibhatla et al., 2012). O tempo de vida da estirpe fúngica também afecta a biossíntese de nanopartículas durante o período de incubação. Husseiny et al. (2015) observaram que o tamanho das nanopartículas de prata diminuía à medida que a idade da estirpe fúngica estava na fase inicial de 7 dias. No entanto, à medida que a biomassa dos fungos crescia, o tamanho das nanopartículas de prata aumentava.

Pressão

A pressão é um fator essencial na síntese de nanopartículas porque a pressão aplicada ao meio de reação afecta a forma e o tamanho das nanopartículas, e a taxa de redução de iões metálicos utilizando agentes biológicos é muito mais rápida em condições de pressão ambiente (Tran et al., 2013).

Materiais e métodos

3. Materiais e metodologia

Produtos químicos:

Foram utilizados produtos químicos puros e de qualidade analítica em todas as experiências, incluindo a síntese de $AgNO_3$ e $CuSO_4$ e a preparação de meios para o crescimento de células bacterianas. Todos os reagentes químicos, material de vidro, plástico, etc., foram fornecidos pelo Bio-Design Innovation Centre, Rani Durgavati University, Jabalpur.

3.1. Levantamento e recolha de plantas

No presente trabalho de investigação, as amostras de plantas foram colhidas em várias regiões da região de Jabalpur, como o Gwarighat, o campus da Universidade RD, e algumas das amostras foram adquiridas no viveiro. As amostras de plantas foram colhidas em março de 2022. A lista das plantas colhidas e do seu local é apresentada no quadro seguinte, número 3.1. Todos os espécimes de plantas foram autenticados e são atualmente mantidos (herbário) na respectiva flora.

Tabela no. 3.1. Lista de material vegetal recolhido e respetivo local.

S. Não.	**Comum Nome**	**Nome Botânico**	**Parte da planta utilizado**	**Local da recolha Sítio**
1.	**Papoilas espinhosas**	*Argemone maxicana*	Folha	**Gwarighat, Jabalpur**
2.	**Erva daninha**	*Cyperus rotundus*	Folha	**RDVV, jardim, Jabalpur**
3.	**Árvore de tubos de pudim**	*Fístula de Cássia*	Folha	**RDVV, Campus, Jabalpur**
4.	**Ashwagandha**	***Withania somanifera***	**Folha**	**Creche de Sadar Bazaar, Jabalpur**

3.2. Preparação do metabolito vegetal

Foram recolhidas folhas frescas de quatro plantas diferentes, Argemone maxicana, Cyperus rotundus, Cassia fistula e *Withania somanifera*, isentas de doenças, em diferentes locais de Madhya Pradesh. Após a recolha, as plantas foram lavadas cuidadosamente 2-3 vezes com água da torneira e uma vez com água destilada esterilizada. Para preparar o extrato da planta, 20 g de folhas frescas foram finamente picadas, foram adicionados 100 ml de água destilada e a mistura foi agitada a 80° C durante 1 hora. Após a ebulição, a mistura foi arrefecida e filtrada com papel de filtro Whatman número 1 e utilizada para sintetizar nanopartículas de prata.

3.3. Rastreio de metabolitos de plantas

O rastreio da atividade antibacteriana do extrato vegetal das plantas foi observado utilizando o método de difusão em poço de ágar. Durante a atividade antibacteriana, foram utilizadas quatro estirpes bacterianas , tais como duas estirpes bacterianas Gram positivas, Bacillus subtilis, Staphylococcus aureus e duas estirpes bacterianas Gram negativas, Escherichia coli e Salmonella typhi.

3.4. Preparação do meio NAM

O ágar nutriente é um meio nutriente de uso geral utilizado para cultivar micróbios que suportam o crescimento de uma vasta gama de organismos não fastidiosos. O ágar nutriente é popular porque pode cultivar uma variedade de tipos de bactérias e fungos e contém muitos nutrientes necessários para o crescimento bacteriano.

3.4.1. Para a preparação do meio NAM, foram utilizados os seguintes passos

- Suspender 28 g de pó de ágar nutriente em 1 litro de água destilada.
- Aquecer esta mistura, mexendo para dissolver completamente todos os componentes.
- Autoclavar a mistura de dissolução a 121 graus Celsius durante 15 minutos.
- Quando o ágar nutriente tiver sido autoclavado, deixar arrefecer mas não solidificar.
- Deitar ágar nutriente em cada placa e deixar as placas sobre a superfície esterilizada até o ágar solidificar.
- Voltar a colocar a tampa de cada placa de Petri e guardar as placas no frigorífico.

3.4.2. Utilizações do ágar nutriente

- É frequentemente utilizado para o isolamento e a purificação de culturas.
- Pode também ser utilizado como um meio para produzir os relvados bacterianos necessários para os testes de sensibilidade aos antibióticos. Os

testes de sensibilidade aos antibióticos são normalmente efectuados em meios especialmente formulados para esse fim.

Tabela no. 3.2. Composição do meio Agar Nutriente

S.N.	Nome do componente	Concentração	Importância
1.	Peptona	0.5%	Trata-se de uma digestão enzimática de proteínas animais. A peptona é a principal fonte de azoto orgânico para o crescimento bactérias.
2.	Extrato de carne de bovino/ Extrato de levedura	0.3%	É uma substância solúvel em água que ajuda no crescimento bacteriano e contém vitaminas, hidratos de carbono, compostos orgânicos de azoto e sais.
3.	Ágar	1.5%	É o agente solidificador.
4.	NaCl	0.5%	A presença de cloreto de sódio no ágar nutriente mantém uma concentração de sal no meio semelhante à do citoplasma dos microrganismos.
5.	Água destilada		A água é essencial para o crescimento e a reprodução dos microrganismos e constitui o meio através do qual vários nutrientes podem ser transportados.
6.	pH	7.4	O pH é ajustado para um valor neutro de 7,4 a 25° C

3.5. Método de difusão em poço de ágar

O bioensaio antibacteriano foi efectuado utilizando o método de difusão em Agar Well, indicado por Egrov, (1995) e Newyork et al. (1972) contra quatro bactérias patogénicas:

Bacillus subtilis (MTCC441), *Staphylococcus aureus* (MTCC96), *Escherichia coli* (MTCC1679), *Klebsiella pneumoniae* (MTCC4032). As placas de ágar nutriente foram preparadas, tendo sido feito um poço de 8 mm nas placas com a ajuda de uma broca de cortiça. As placas de ágar nutriente foram semeadas com 25 µl de uma cultura em caldo padronizada das quatro bactérias testadas. Cada placa foi espalhada uniformemente na solução bacteriana da placa e, após 20 minutos de espalhamento, os poços foram carregados com 100 µl de metabolitos de plantas.

A atividade antibacteriana dos metabolitos da planta foi observada por uma zona de inibição após 24h de incubação das placas a 37ºC na incubadora bacteriana e medida com a ajuda da escala de zona antibiótica Hi-media, Hi media Laboratories Mumbai.

3.6. Bio-síntese de nanopartículas de prata

No presente estudo, foi preparada uma solução aquosa de nitrato de prata ($AgNO_3$) a 0,1 mM, que foi utilizada para sintetizar nanopartículas de prata. Para a síntese de nanopartículas de prata, 5 ml de extrato de folhas de *Argemone maxicana, Cyperus rotundus, Coleus aromaticus* e *Withania somanifera* foram adicionados a 45 ml de solução de AgNO3 0,1 mM para o processo de biorredução à temperatura ambiente e escuro durante 24 horas. Após o período de incubação adequado, a mudança de cor foi observada visualmente.

3.6.1. Síntese de nanopartículas de cobre

Do mesmo modo, foi também preparada uma solução aquosa de sulfato de cobre (CuSO4) a 0,1 mM, que foi utilizada para síntese de nanopartículas de cobre. Neste caso, 5 ml de extrato de folhas de *Argemone maxicana, Cyprus rotundus, Cassia fistula* e *Withania somanifera* foram adicionados a 45 ml de solução de CuSO4 0,1 mM para o processo de bio-redução à temperatura ambiente e no escuro. Após o período de incubação adequado, a mudança de cor foi observada visualmente.

3.6.2. Caracterização das NPs de Ag e das NPs de Cu sintetizadas

As NPs de Cu e as NPs de Ag sintetizadas foram confirmadas pela mudança de cor visível das soluções de $CuSO_4$ e $AgNO_3$ e observadas posteriormente por um espetrofotómetro UV-visível; o FTIR e o tamanho das nanopartículas foram detectados utilizando o instrumento XRD.

3.7. Espectroscopia UV - VIS

As nanopartículas de Ag e Cu foram caracterizadas utilizando um espetrofotómetro Shimadzu UV-2600 para determinar o comportamento cinético das nanopartículas de Ag e Cu. A gama de varrimento das amostras foi de 200-800 nm a uma velocidade de varrimento de 480 nm/min para as nanopartículas de prata e, para a absorvância das nanopartículas de cobre , a gama de UV-visível foi definida de 200 nm a 450 nm. O espetrofotómetro foi realizado utilizando uma referência em branco. Os espectros de absorção UV-visível de todas as amostras foram registados e os dados numéricos foram representados .

3.8. Espectroscopia de infravermelhos com transformada de Fourier (FTIR)

Os espectros de infravermelhos do IR Affinity -1S Shimadzu foram utilizados para as medições de FTIR da amostra. As nanopartículas de prata sintetizadas e a solução de nanopartículas de cobre foram centrifugadas a 10000 rpm durante 30 minutos. O sedimento foi lavado três vezes com 5 ml de água desionizada para eliminar as proteínas ou enzimas livres que não estão a cobrir as nanopartículas de prata e de cobre. O sedimento foi seco e posteriormente analisado por FTIR.

3.9. Rastreio antibacteriano de nanopartículas de Ag e Cu

As AgNPs e CuNPs sintetizadas a partir do extrato de folhas de *Argemone maxicana, Cyperus rotendus, Cassia fistula e Withania somnifera* foram analisadas quanto à sua atividade antimicrobiana de acordo com o método indicado por Guo et al. (2013) e Walker (2000) contra duas estirpes bacterianas Gram-positivas *Bacillus subtilis, Staphylococcus aureus* e duas estirpes bacterianas Gram-negativas *Escherichia coli* e *Salmonella typhi* pelo método de difusão em Agar Well. Inicialmente, as culturas de reserva de bactérias foram revividas por inoculação em meio de caldo e cultivadas a 37° C durante 24 horas. A zona de inibição foi medida com a balança Hi-Zone Scale, Mumbai.

3.10. Análise de difração de raios X (XRD)

A análise por difração de raios X (XRD) é uma técnica utilizada na ciência dos materiais para determinar a estrutura cristalográfica de qualquer material. A DRX funciona irradiando um material com raios X incidentes e medindo depois as intensidades e os ângulos de dispersão dos raios X que deixam o material. Normalmente, o XRD fornece informações sobre a estrutura cristalina, a natureza da fase, os parâmetros da rede e o tamanho do grão cristalino. Este último parâmetro é estimado utilizando a equação de Scherrer, que alarga o pico mais intenso de uma medição de XRD para uma amostra específica. Esta técnica é normalmente efectuada em amostras em pó, geralmente após secagem das correspondentes soluções coloidais de nanopartículas, o que resulta em valores médios de volume estatisticamente representativos.

Após a formação de nanopartículas de prata, o tamanho das nanopartículas foi determinado por XRD. Cerca de 10-15 microgramas de amostras secas foram embaladas num frasco de reagente escuro e enviadas para o laboratório Central de Instrumentação, St. Aloysius College, Jabalpur, para análise. Aloysius College, Jabalpur, para análise. A composição das partículas pode ser determinada comparando a posição e a intensidade dos picos com os padrões de referência disponíveis na base de dados do Centro Internacional de Dados de Difração (ICDD, anteriormente conhecido como Comité Conjunto de Normas de Difração de Pós, JCPDS) (Moudikoudis et.al., 2018).

Resultados e discussão

4. Resultados e discussão

No presente estudo, foi estudado o potencial do extrato de folha de Cyprus rotendus para sintetizar AgNPs. As AgNPs sintetizadas foram caracterizadas utilizando espetroscopia UV-visível, espetroscopia de infravermelhos com transformada de Fourier (FT-IR) e análise de difração de raios X. Além disso, foram avaliadas as actividades antibacterianas destas AgNPs.

4.1. Levantamento e recolha de material vegetal

No presente trabalho de investigação, as amostras de plantas foram colhidas em várias regiões de Jabalpur, como Gwarighat, campus da Universidade RD, e algumas das amostras foram adquiridas no viveiro. As plantas foram colhidas em março de 2022. A lista das plantas colhidas e do seu local é apresentada no quadro seguinte, número 4.1, e na placa 4.1. Todos os espécimes de plantas foram autenticados e mantidos (herbário) na respectiva flora.

Tabela no. 4.1. Lista de material vegetal recolhido e respetivo local.

S. Nã	Nome comum	Nome Botânicc	Parte de Instalação utiliz:	Localização de Local de recolha
1.	Papoilas espinho	*Argemone maxicanc*	Folha	Gwarighat, Jabalpur
2.	Erva daninha	*Cyperus rotundus*	Folha	RDVV, jardim, Jabalpur
3.	Árvore de tubos (pudim	*Cassia fistula*	Folha	RDVV, campus Jabalpur
4.	Ashwagandha	*Withania somanifer(*	Folha	Creche de Sadar Bazaa Jabalpur

Da mesma forma, Banerjee et.al., [2014] também selecionaram e recolheram três plantas medicinais indianas, *M. balbisiana* (banana), *A. indica* (neem) e *O. tenuiflorum* (tulsi preto) de Bengala Ocidental, Índia, com base na relação custo-eficácia, facilidade de disponibilidade e propriedades medicinais.

Para a síntese de nanopartículas de prata, a parte das folhas de *Nelumbo lucifera* e a solução de filtrado da planta foram tratadas com uma solução aquosa 1 mM de AgNO3 (88 ml) e incubadas no escuro à temperatura ambiente. Uma solução de cor amarelo-acastanhada foi designada como a formação de nanopartículas de prata (AgNPs) (Santosh et al., 2011)

4.2 Extração de metabolitos vegetais

No presente estudo, os metabolitos das plantas de Argemone maxicana, Cyperus rotundus, Cassia fistula e Withania somanifera foram extraídos pegando nas folhas frescas e limpas de 20gm das plantas e cortando-as. Depois disso, as folhas cortadas foram adicionadas a 100 ml de água destilada e agitadas a 80° C durante 1 hora. Depois, a mistura em ebulição foi arrefecida e filtrada com papel de filtro Whatman, como se mostra na placa n.º 4.2

Num dos estudos, as folhas *de Azadirachta indica* foram cuidadosamente lavadas em água corrente para remover a sujidade e o pó na superfície folhas, e 20 g de folhas de Neem finamente picadas foram adicionadas a 100 ml de água bidestilada e fervidas durante 10 minutos. O extrato foi arrefecido, filtrado e armazenado para utilização posterior. Esta solução foi utilizada para a síntese verde de nanopartículas de prata (AgNP) Roy et al., 2017].

Do mesmo modo, nos seus estudos, Nadzir et.al.,[2019] extraiu metabolitos das folhas enxaguando-as cuidadosamente com água da torneira para remover contaminantes visíveis e depois secando-as no forno a 60 °C até o peso seco estabilizar. As folhas foram depois finamente trituradas com um misturador e peneiradas com o peneiro n.º 20. As folhas secas moídas (10gm) foram depois imersas em 200 ml de água desionizada e fervidas a 65°C durante 30 min. O extrato aquoso foi arrefecido durante 15 minutos à temperatura ambiente e filtrado com papel de filtro Whatman n.º 1

4.3. Atividade antibacteriana dos metabolitos da planta:

Para o rastreio, a atividade antibacteriana do extrato dos metabolitos da planta foi determinada pelo método de difusão em ágar bem contra as estirpes bacterianas de teste *Bacillus subtilis* (MTCC441), *Staphylococcus aureus* (MTCC96), *Escherichia coli* (MTCC1679) e *Klebsiella pneumoniae* (MTCC4032). O metabolito da planta *Cyperus rotundus* mostrou a zona máxima de inibição contra *Bacillus subtilis* (MTCC441) 22,00 mm, *Staphylococcus aureus* (MTCC96) 20,00 mm, *Escherichia coli* (MTCC1679) 24,00 mm, *Klebsiella pneumoniae* (MTCC4032) 19,00 mm, como se mostra na tabela. 4.2, gráfico 4.1 e placa 4.3.

Tabela no.4.2. Atividade antibacteriana dos metabolitos da planta *Cassia fistula*

S.N.	**Amostra de planta**	**Zona de inibição**			
		Bacillus subtilis	***Staphylococcus aureus***	***Klebsiella pneumoniae***	***Escherichia coli***
1	*Cyperus rotundus*	22,00 mm	20,00 mm	19,00 mm	24,00 mm
2	*Argemone maxicana*	14,00 mm	16,00 mm	14,00 mm	15,00 mm
3	*Coleus aromaticus*	20,00 mm	12,00 mm	10,00 mm	14,00 mm
4	*Cassia fistula*	00.00	00.00	00.00	00.00

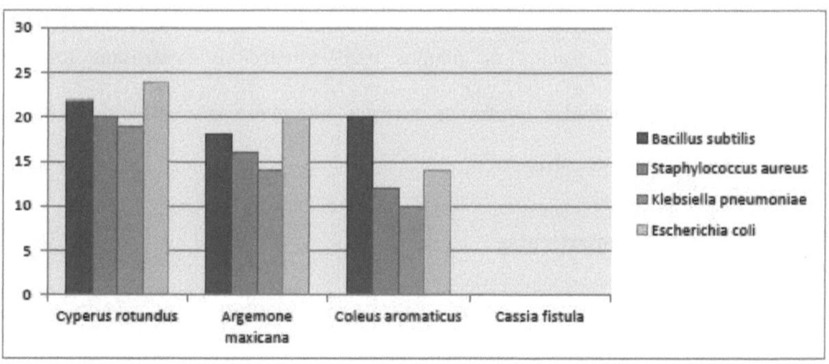

Gráfico 4.1: Atividade antibacteriana de potenciais metabolitos de plantas.

Do mesmo modo, os extractos de folhas de *A. officinalis* foram examinados quanto ao seu potencial antibacteriano utilizando cinco solventes diferentes contra algumas estirpes de referência de bactérias patogénicas humanas para o extrato bruto e mostraram uma atividade antibacteriana notável com zonas de inibição de 13 mm contra *Eschericia coli* e 11 mm contra *Staphylococcus aureus*. A fração 13 (acetato de etilo: metanol 8:2) foi a mais potente, com a concentração inibitória mínima de 30 mm contra *E. coli* e 25 mm contra *S. aureus* [Bhima et al., 2010].

A atividade antimicrobiana de cinco extractos de plantas, *Punica granatum, Syzygium aromaticum*, *Zingiber officinales* e *Thymus vulgari,* foi investigada contra *Bacillus cereus*, *Staphylococcus aureus*, *Escherichia coli*, *Pseudomonas aeruginosa* e *Salmonella typhi* utilizando a técnica de difusão em disco de ágar. Os extractos etanólicos de *Punica granatum, Syzygium aromaticum, Zingiber officinales* e *Thymus vulgaris* foram potencialmente eficazes com eficiência variável contra as estirpes bacterianas testadas a uma concentração de 10 mg/ml. Em contrapartida, o extrato de *Cuminum cyminum* só foi eficaz contra *S. aureus*, respetivamente. Os extractos etanólicos *de P. granatum* e *S. aromaticum* foram os extractos de plantas mais eficazes e mostraram actividades bacteriostáticas e bactericidas contra as estirpes altamente susceptíveis de bactérias patogénicas [Mostafa et al., 2018].

4.4. Biossíntese de nanopartículas:

O metabolito da planta *Cyperus rotundus* misturado com o complexo iónico da solução aquosa, observou-se uma mudança de cor de verde claro para vermelho escuro devido à redução dos iões prata, como na placa n.º 4.4. 4.4. A mudança de cor é, alegadamente, uma confirmação da formação de nanopartículas. A mudança de cor das nanopartículas de prata foi observada após 24 horas de incubação no escuro da amostra no agitador rotativo.

Fig.4.1. Biossíntese de nanopartículas de prata a partir de extrato de plantas

Noutro estudo, as nanopartículas de prata foram sintetizadas a partir de diferentes quantidades de extrato de frutos de P. emblica, variando de 2,5, 5, 10, 15 ml com 100 ml de $AgNO_3$ aquoso (1 mM). Após 30 minutos, a dissolução do extrato do fruto de 15 ml causou uma rápida mudança de cor de amarelado claro para castanho escuro, indicando a rápida redução de Ag+ para Ag0 na solução de AgNO3. Em contraste, a cor em outras amostras foi alterada após 2-8 h de incubação em uma sala escura, e a amostra de controle permaneceu incolor [Masum et al., 2019].

Da mesma forma, como o extrato aquoso de folhas de *C. prophetarum* foi adicionado à solução de nitrato de prata, a cor da solução mudou de amarelo pálido para castanho-avermelhado após 3 h devido ao processo de redução de Ag^+ para nanopartículas Ag°, e isto indicou a biossíntese de Cp-AgNPs [Hemlata et al., 2020].

4.5. Caracterização das nanopartículas de prata:

A biossíntese de nanopartículas de prata utilizando um potente extrato de planta foi ainda caracterizada utilizando várias abordagens como o espetrofotómetro UV-visível, a espetroscopia de infravermelhos com transformada de Fourier (FTIR) e a difração de raios X (XRD) para detetar a absorvância, o grupo de funções nas nanopartículas e o tamanho.

4.5.1. Espectroscopia UV-Visível

Os resultados do espetro de absorção UV-Vis foram considerados uma nova técnica amplamente utilizada para a caraterização estrutural de nanopartículas. Neste caso, foi observada uma redução das nanopartículas de prata durante a exposição a metabolitos fúngicos devido à mudança de cor. A mudança de cor é devida ao fenómeno SPR. O padrão SPR depende das caraterísticas das partículas metálicas individuais, tais como o tamanho e a forma, as propriedades dieléctricas do meio utilizado para a síntese e as interações de acoplamento entre as nanopartículas. A intensidade da banda SPR aumentou com o tempo de reação, indicando a síntese das AgNPs.

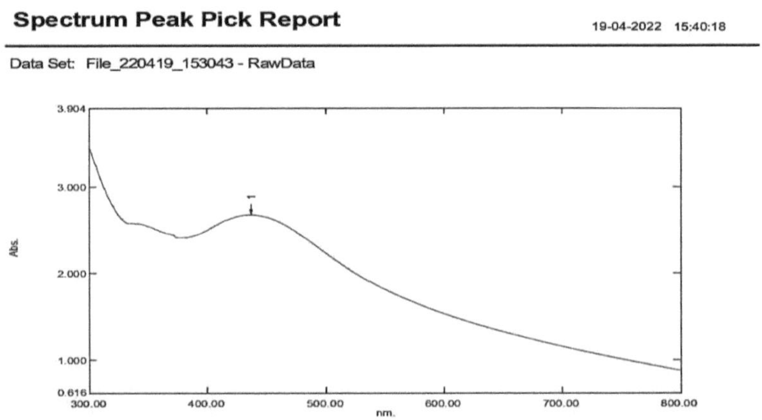

Gráfico: 4.2. Espectroscopia UV de nanopartículas de prata biossintetizadas

Um pico de absorvância a cerca de 437 nm indica a formação de AgNPs na solução devido aos electrões de ressonância plasmónica de superfície (SPR) presentes na superfície das nanopartículas, como se mostra no gráfico 4.2.

Da mesma forma, a formação de nanopartículas de prata sintetizadas a partir de *Ocimum tenuiflorum*, *Solanum tricobatum*, *Syzygium cumini*, *Centella asiatica* e *Citrus sinensis* foi monitorizada por análise de espetrofotómetro UV-vis. Os espectros UV-vis mostraram uma absorvância máxima a 420 nm, que aumentou com o tempo de incubação do nitrato de prata com o extrato das plantas. A curva mostra um aumento da absorvância em vários intervalos de tempo (1 h, 24 h e 48 h), e os picos foram observados a 420 nm, correspondendo à ressonância plasmónica de superfície das nanopartículas de prata. A observação indicou que a redução dos iões Ag^+ teve lugar extracelularmente [Logeswari et al., 2015].

A síntese verde de nanopartículas de prata (AgNPs) a partir do extrato vegetal de *Buddleja globosa* foi também confirmada por espetroscopia UV-Vis. Foi observado um amplo pico de absorção localizado entre 300 nm e 380 nm de comprimento de onda relacionado com o extrato *de B. globosa*. Após uma hora de reação, a redução dos iões Ag^+ em AgNPs mostra um pequeno pico de absorção centrado a 445 nm de comprimento de onda relacionado com a ressonância plasmónica de superfície localizada das AgNPs. Além disso, à medida que o tempo de reação aumenta, a intensidade deste pico de absorção também aumenta.

4.5.2. Espectroscopia de infravermelhos com transformada de Fourier (FTIR)

As análises FTIR foram realizadas com um espetrómetro FTIR Shimazdu (IR-Affinity-IS System Spectrum). As amostras foram preparadas e analisadas para verificar a presença de grupos funcionais da química da superfície das AgNPs reduzidas. Os espectros FTIR foram recolhidos com uma resolução espacial de 4 cm^{-1} no modo de transmissão, entre 4000 e 400 cm^{-1}, respetivamente e picos de absorção a 3726,47 cm^{-1},

2914.44 cm^{-1}, 2366.66 cm^{-1}, 2333.87 cm^{-1}, 2162.20 cm^{-1}, 1527.62 cm^{-1}, 1342.46 cm^{-1}, 1263 cm^{-1}, 1028.06 cm^{-1}, 802.39 cm^{-1}, 648.08 cm^{-1} foram observados nos espectros de IV, como se mostra no gráfico 4.3.

A banda larga em torno de 3726,47 cm$^{(-1)\ e}$ 2914,44 cm^{-1} deve-se à vibração de estiramento OH do fenol e do grupo carboxílico do extrato. A banda de absorção a 2162,20 cm^{-1} corresponde ao grupo alquino e a 2333,87 cm^{-1} ao C-H. O pico obtido em 2914.28 mostra um único aldeído, 2162.20, C≡ C, 1637.58-C=C, 1527.62 cm^{-1}, 1342.46 cm^{-1} atribuído à vibração de estiramento do grupo (NH.) C=O. A banda entre 1,383 e 1263 desenvolveu-se para o estiramento C-C e C-N. O pico 648,08 cm^{-1} atribuído ao estiramento C-N das aminas, e 802,19 cm^{-1} e 655,75 cm^{-1} foram atribuídos ao estiramento C-H dos alcenos

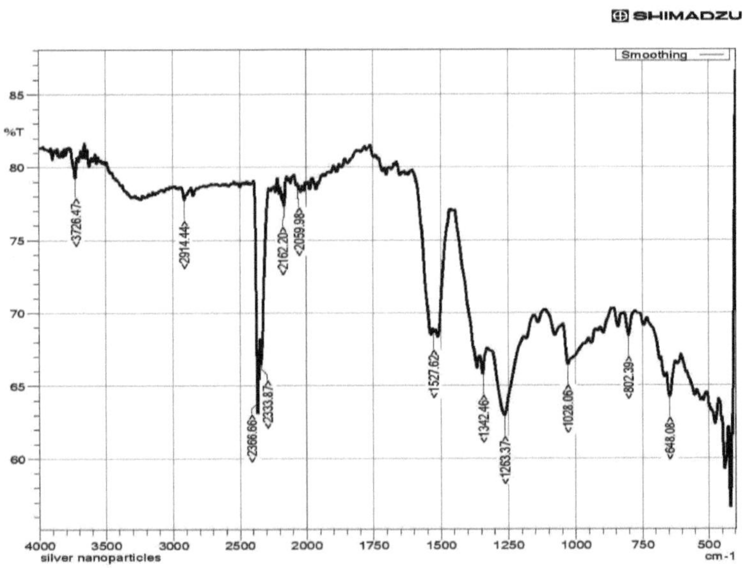

Gráfico. 4.3. Análise FTIR das nanopartículas de prata biossintetizadas

Do mesmo modo, o grupo funcional das nanopartículas de prata sintetizadas (AgNPs) a

partir de nitrato de prata utilizando frutos de *Malus domestica* (maçã vermelha) foi observado pelo espetro FTIR. Foram observadas três bandas proeminentes a 3450 cm-1 atribuídas à vibração de estiramento O-H, indicando grupos hidroxilo no agente redutor. Os picos sólidos intensos a 1379 e 1625 cm-1 correspondem às vibrações de estiramento C-N e às bandas de amida I das proteínas no extrato do fruto da maçã. Este estudo espetroscópico FTIR confirmou que o extrato de frutos de maçã vermelha pode desempenhar funções duplas de redução e estabilização de nanopartículas de prata [Umoren et al., 2014].

Noutro estudo, foram efectuadas medições de FTIR para identificar as possíveis biomoléculas responsáveis pela cobertura e estabilização eficiente das nanopartículas de prata sintetizadas por extractos de plantas de Clitoria ternatea e Solanum nigrum, respetivamente. As bandas de absorção da *Clitoria ternatea* foram observadas a 3317,34 cm^{-1} atribuídas ao estiramento O-H (s), 3317,34 cm^{-1} atribuídas ao estiramento O-H (s), 1614,31 cm^{-1} atribuídas ao estiramento aromático C=C, 1394,44 cm^{-1} atribuídas ao estiramento C-H dos alcenos, 1191,93 cm^{-1} atribuídas ao estiramento C-N das aminas, e 752,19 cm^{-1} e 655,75 cm^{-1} atribuídas ao estiramento C-H dos alcenos. As bandas de absorção de *Solanum nigrum* foram observadas a 3317,34 cm^{-1} atribuídas ao estiramento O-H (s), 2933,88 cm^{-1} atribuídas ao estiramento C-H (s), 1606,59 cm^{-1} atribuídas ao estiramento C=C aromático, 1394.44 cm^{-1} atribuído ao estiramento C-H de alcenos, 1191,93 cm^{-1} atribuído ao estiramento C-N de aminas, 1122,49 cm^{-1} atribuído ao estiramento C-N de aminas, e 752,19 cm^{-1} e 655,75 cm^{-1} atribuídos ao estiramento C-H de alcenos [Krithiga et al, 2015].

4.6. Rastreio da atividade antibacteriana das nanopartículas de prata:

A atividade antibacteriana das nanopartículas de prata biossintetizadas a partir do extrato vegetal de *Cyperus rotundus* foi estudada contra as estirpes bacterianas *Bacillus subtilis* (MTCC441), *Staphylococcus aureus* (MTCC96), *Escherichia coli* (MTCC1679) e *Klebsiella pneumoniae* (MTCC4032). As nanopartículas de prata de *Cyperus rotundus* mostraram a zona máxima de inibição contra *Bacillus subtilis* (MTCC441) a 20,00 mm, *Staphylococcus aureus* (MTCC96) a 18,00 mm, *Escherichia coli* (MTCC1679) 22,00 mm, *Klebsiella pneumoniae* (MTCC4032) 16,00 mm, como se mostra na tabela: 4.3, gráfico 4.4 e placa 4.4.

Tabela.4.3 Atividade antibacteriana das nanopartículas de prata biossintetizadas

S.N.	$AgNO_3$ Amostra de planta	Zona de inibição			
		subtilis	*Staphylococcus aureus*	*Klebsiella pneumoniae*	*Escherichia coli*
1	*Cyperus rotundus*	20,00 mm	18,00 mm	16,00 mm	22,00 mm

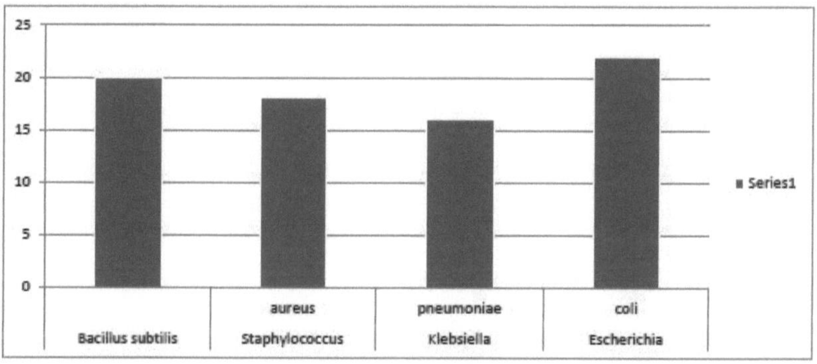

Gráfico. 4.4.Atividade antibacteriana das nanopartículas de prata biossintetizadas

Urnukhsaikhan et al. [2021 também observaram que a atividade antibacteriana das nanopartículas de prata foi estudada contra estirpes bacterianas patogénicas de *E. coli* gram-negativa e *M. luteus* gram-positiva utilizando o método de difusão em poço. Os antibióticos padrão, como a penicilina G e o cloranfenicol, os extractos de plantas, o $AgNO_3$ e a água destilada foram escolhidos como grupo de controlo. Os resultados da atividade antibacteriana mostraram que todas as nanopartículas de prata sintetizadas tinham uma atividade antibacteriana eficaz contra as estirpes bacterianas gram-negativas

E.coli e gram-positivas *M.luteus*. A zona de inibição de AgNP-F, AgNP-W e AgNP-S contra *E. coli* e *M. luteus* foi de 6,5 ± 0,3, 6 ± 0,2, 5,5 ± 0,2 e 7,5 ± 0,3, 7 ± 0,2, 7,7 ± 0,4 mm, respetivamente.

O potencial antibacteriano das AgNPs de *Pelargonium sidoides* (PSCE.) foi determinado contra microrganismos que causam infecções do trato respiratório inferior e superior, nomeadamente, *Streptococcus pneumoniae, Bacillus cereus, Moraxella catarrhalis* e *Pseudomonas aeruginosa*. A resistência ou suscetibilidade dos micróbios acima referidos em relação ao PSCE, às AgNPs e ao antibiótico de controlo (tetraciclina) foi determinada através da medição das zonas de inibição em torno dos compostos de teste. As AgNPs de *P. sidoides* mostraram uma atividade antibacteriana moderada contra os isolados acima mencionados, com *S. pneumoniae* a mostrar a maior suscetibilidade, *P. aeruginosa* e *Bacillus cereus* a mostrar a maior resistência contra diferentes concentrações (50-150 µg/mL) de PSCE.

4.7. Difração de raios X (XRD).

Para verificar os resultados da análise espetral UV-Vis, as amostras dos iões de prata expostas aos extractos de plantas naturais foram examinadas por XRD. As nanopartículas de prata sintetizadas a partir do extrato de *Cyperus rotundus* foram analisadas por XRD para medir o tamanho das nanopartículas de prata. O padrão XRD obtido para as nanopartículas de prata sintetizadas a partir do extrato de *Cyperus rotundus* apresenta picos intensos de nanopartículas 28, 33, 38, 44, 46, 55, 58 e 65, que são indexados como prata cristalina. A nitidez dos picos indica que as partículas são nanopartículas esféricas. A fórmula de Debye Scherrer estima o tamanho médio das nanopartículas de prata. A média das nanopartículas de prata sintetizadas por *Cyperus rotundus* é de 20-35 nm.

O diâmetro médio das partículas de nanopartículas de prata foi calculado a partir do padrão XRD de acordo com a largura da linha do pico de refração plana utilizando a seguinte equação de Scherrer (Balaji et al., 2009):

$$D= K\lambda /\beta^{1/2} \cos\theta$$

A equação utiliza a largura do pico de referência no ângulo h, em que k é o comprimento de onda dos raios X (1,5418 A)ʃ, b1/2 é a largura do pico XRD a meia altura e K é um fator de forma.

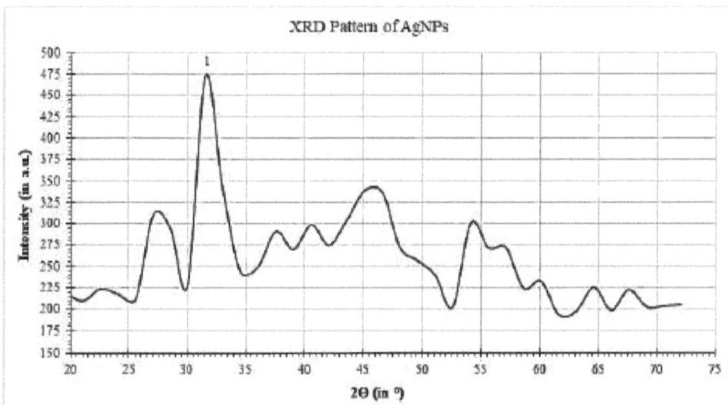

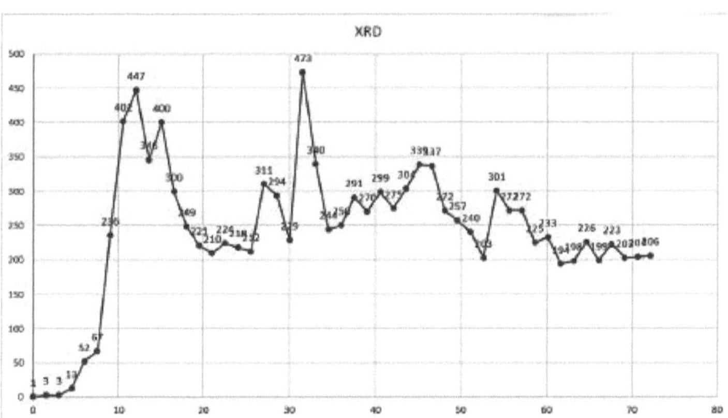

Gráfico :4.5. Difração de raios X de nanopartículas de prata

O XRD também foi analisado pela biossíntese de nanopartículas de prata mediada por Allophylus serratus. A análise XRD das nanopartículas de prata sintetizadas a partir do extrato de folhas e do extrato de calo mostrou picos de difração a = 32,5°, 38,3°, 44,4°, 64,6° e 76,8° e 32,4°, 38,3°, 44,5°, 64,5° e 76,7°, respetivamente. Em comparação com o padrão, o espetro de XRD obtido confirmou que as nanopartículas de prata sintetizadas eram cristalinas e em forma de nanocristal. Os picos podem ser atribuídos aos planos (122), (111), (200), (220) e (311) facetas do cristal de prata, respetivamente [Jemal et al., 2017].

Mehta et al. [2017] sintetizaram nanopartículas de prata utilizando extrato etanólico de frutos de *Santalum album* (Família Santalaceae), vulgarmente conhecido como sândalo da Índia Oriental, e observaram o tamanho das nanomoléculas por XRD e um total de quatro picos com valores 2θ de 38.2901, 44,5583, 64,8185 e 77,4383 graus no difracto experimental Gram foram identificados como sendo devidos à prata metálica e correspondendo aos valores (hkl) - planos (111), (200), (220) e (311) da prata e são rotulados como 1-4 em

Referências

Referências

1. M. Muhamed Haneefa, M. Jayandran, V. Balasubramanian (2017)," Green Synthesis Characterization and Antimicrobial Activity Evaluation of Manganese Oxide Nanoparticles and Comparative Studies with Salicylalchitosan Functionalized Nanoform", *Asian Journal of Pharmaceutics*, 11(1):65-74.
2. Achinta Bera e Hadi Belhaj (2016)," application of nanotechnology by means of nanoparticles and nanodispersions in oil recovery - A comprehensive review",Journal of Natural Gas Science and Engineering,34(): 1284-1309.
3. Parveen, K., Banse, V., & Ledwani, L. (2016), "Green synthesis of nanoparticles: their advantages and disadvantages", In *AIP conference proceedings*, 1724(1): 020048.
4. Taniguchi, N. (1974). Sobre o conceito básico de "nanotecnologia". Proc. Conf. Intl. Prod. Eng. Tóquio, Parte II, 1974. Sociedade Japonesa de Engenharia de Precisão.
5. Narayanaswamy K, Athimoolam R, Ayyavoo J (2015). "Síntese verde de nanopartículas de prata usando extratos de folhas de Clitoria ternatea e Solanum nigrum e estudo de seu efeito antibacteriano contra patógenos nosocomiais comuns", Journal of Nanoscience.
6. Bid S, Pradhan SK. Preparação de ferrite de zinco por moagem de bolas de alta energia e caraterização da microestrutura por análise de Rietveld. Materials Chemistry and Physics. 2003 Sep 28;82(1):27-37.
7. Raghunandan D, Ravishankar B, Sharanbasava G, Mahesh DB, Harsoor V, Yalagatti MS, Bhagawanraju M, Venkataraman A. Estudos anticancerígenos de

nanopartículas de metais nobres sintetizadas utilizando diferentes extractos de plantas. Nanotecnologia do cancro. 2011 Dec;2:57-65.

8. Chung IM, Park I, Seung-Hyun K, Thiruvengadam M, Rajakumar G. Síntese de nanopartículas de prata mediada por plantas: as suas propriedades caraterísticas e aplicações terapêuticas. Cartas de pesquisa em nanoescala. 2016 Dec;11:1-4.
9. Thakkar, K. N., Mhatre, S. S., & Parikh, R. Y. (2010). Síntese biológica de nanopartículas metálicas. *Nanomedicina: nanotecnologia, biologia e medicina*, *6*(2):257-262.
10. Bansod S, Bonde S, Tiwari V, Bawaskar M, Deshmukh S, Gaikwad S, Gade A, Rai M. Bioconjugação de nanopartículas de ouro e prata sintetizadas por Fusarium oxysporum e sua utilização na identificação rápida de espécies de Candida através da reação em cadeia da nano-polimerase bioconjugada. Jornal de nanotecnologia biomédica. 2013 Dec 1;9(12):1962-71.
11. Jose, J. V., Ealias, A. M., & Saravanakumar, M. P. (2017). Nanopartícula de ferro zero valente encapsulada em carbono usando extrato de Abelmoschus esculentus (dedo de senhora) como um adsorvente para Cr (VI) em solução aquosa. *Natureza Meio Ambiente e Tecnologia da Poluição*, *16*(1).
12. Li X, Xu H, Chen ZS, Chen G. Biossíntese de nanopartículas por microorganismos e suas aplicações. Jornal de nanomateriais. 2011;2011:1-6
13. Rajeshkumar S, Jeevitha M. Biossíntese mediada por plantas e caraterização de nanopartículas de óxido de zinco. InZinc-Based Nanostructures for Environmental and Agricultural Applications 2021 Jan 1 (pp. 37-51). Elsevier...
14. Shi H, Magaye R, Castranova V, Zhao J. Titanium dioxide nanoparticles: a review of current toxicological data. Toxicologia de partículas e fibras. 2013 Dec;10:1-

33.

15. Pandey P, Dahiya M. Uma breve revisão sobre nanopartículas inorgânicas. J Crit Rev. 2016;3(3):18-26.

16. Dutta A, Mondal A, Broekmann P, Datta J. Optimal level of Au nanoparticles on Pd nanostructures providing remarkable electro-catalysis in direct ethanol fuel cell. Journal of Power Sources. 2017 Sep 1;361:276-84.

17. Ovais, M., Khalil, A. T., Islam, N. U., Ahmad, I., Ayaz, M., Saravanan, M., ... & Mukherjee, S. (2018). Papel dos fitoquímicos vegetais e enzimas microbianas na biossíntese de nanopartículas metálicas. *Microbiologia aplicada e biotecnologia*, *102*(16): 6799-6814.

18. Forough M, Farhadi K. Síntese biológica e ecológica de nanopartículas de prata. Jornal turco de engenharia e ciências ambientais. 2010 Dec 1;34(4):281-7.

19. Popescu, M., Velea, A., & Lőrinczi, A. (2010). PRODUÇÃO BIOGÉNICA DE NANOPARTÍCULAS. *Revista Digest de nanomateriais e bioestruturas (D.J.N.B.)*, *5*(4).

20. Polshettiwar , V., Baruwati, B., & Varma, R. S. (2009). Auto-montagem de óxidos metálicos em nanoestruturas tridimensionais: síntese e aplicação em catálise. *ACS nano*, *3*(3): 728-736.

21. Panneerselvam E, Priya CL, Kuncha J, Venugopal K, Kanwalkar HM, Kirthi AV, Chaskar AC. Plant-Based Synthesis Processes for the Production of Metal and Nonmetal Nanoparticles (Processos de síntese à base de plantas para a produção de nanopartículas metálicas e não metálicas). Síntese biológica de nanopartículas e suas aplicações 2019 Dez 6 (pp. 47-64). CRC Press.

22. Kalishwaralal, K., Deepak, V., Pandian, S. R. K., Kottaisamy, M.,

BarathManiKanth, S., Kartikeyan, B., & Gurunathan, S. (2010). Biossíntese de nanopartículas de prata e ouro usando Brevibacterium casei. *Colloids and surfaces B: Biointerfaces*, *77*(2):257-262.

23. Nishanthi R, Malathi S, Palani P. Síntese verde e caraterização de nanopartículas de prata, ouro e platina bioinspiradas e avaliação da sua atividade antibacteriana sinérgica após combinação com diferentes classes de antibióticos. Ciência e Engenharia de Materiais: C. 2019 Mar 1;96:693-707.
24. Bulte JW. Magnetic nanoparticles as markers forcellular MR imaging. Journal of Magnetism and Magnetic materials. 2005 Mar 1;289:423-7.
25. Shi JP, Evans DE, Khan AA, Harrison RM. Fontes e concentração de nanopartículas (< 10 nm de diâmetro) na atmosfera urbana. Atmospheric environment. 2001 Jan 1;35(7):1193-202
26. Ramesh GK, Gireesha BJ. Influência da fonte/dissipador de calor num fluido de Maxwell sobre uma superfície extensível com condição de fronteira convectiva na presença de nanopartículas. Jornal de Engenharia Ain Shams. 2014 Sep 1;5(3):991-8.
27. R. Sarkar, P. Kumbhakar, e A. K. Mitra (2010), "Green synthesis of silver nanoparticles and its optical properties," *Digest Journal of Nanomaterials and Biostructures*, vol. 5(2):491-496.
28. Hadrup N, Lam HR. Toxicidade oral de iões de prata, nanopartículas de prata e prata coloidal - uma revisão. Regulatory Toxicology and Pharmacology. 2014 Feb 1;68(1):1-7.
29. Marambio-Jones C, Hoek EM. A review of the antibacterial effects of silver nanomaterials and potential implications for human health and the environment.

Journal of nanoparticle research. 2010 Jun;12:1531-51.

30. Liu W, Wu Y, Wang C, Li HC, Wang T, Liao CY, Cui L, Zhou QF, Yan B, Jiang GB. Impacto das nanopartículas de prata nas células humanas: efeito do tamanho das partículas. Nanotoxicologia. 2010 Sep 1;4(3):319-30.

31. S. S. Shankar, A. Rai, A. Ahmad, e M. Sastry (2005), "Controlling the optical properties of lemongrass extract synthesised gold nanotriangles and potential application in infrared-absorbing optical coatings," *Chemistry of Materials*, 17(3): 566-572.

32. Wang et al., 2000.

33. Ashokkumar S., Ravi S., Kathiravan V., Velmurugan S. Síntese de nanopartículas de prata utilizando o extrato de folhas de A. indicum e sua atividade antibacteriana. *Spectrochim. Ata A Mol. Biomol. Spectrosc.* 2015;134:34-39. doi: 10.1016/j.saa.2014.05.076.

34. Roy K., Sarkar C.K., Ghosh C.K. Green synthesis of silver nanoparticles using fruit extract of Malus domestica and study of its antimicrobial activity. *Dig. J. Nanomater. Biostruct.* 2014;9:1137-1147.

35. Shankar S., Jaiswal L., Aparna R.S.L., Prasad RGSV Síntese, caraterização, biocompatibilidade in vitro e atividade antimicrobiana de nanopartículas de ouro, prata e ligas de ouro e prata preparadas a partir do extrato da casca do fruto de *Lansium domesticum. Mater. Lett.* 2014;137:75-78. doi: 10.1016/j.matlet.2014.08.122.

36. Saware K., Sawle B., Salimath B., Jayanthi K., Abbaraju V. Biossíntese e caraterização de nanopartículas de prata utilizando extrato de folhas de Ficus benghalensis. *Int. J. Res. Eng. Technol.* 2014;3:868-874.

37. Awwad A.M., Salem N.M. Green synthesis of silver nanoparticles by mulberry leaves extract. *Nanosci. Nanotechnol.* 2012:125-128. doi: 10.5923/j.nn.20120204.06.

38. Brayner R. The toxicological impact of nanoparticles (O impacto toxicológico das nanopartículas). Nanotoday. 2008;3:48-55.

39. Mohanta YK, Panda SK, Bastia AK, Mohanta TK. Biossíntese de nanopartículas de prata de Protium serratum e investigação dos seus potenciais impactos na segurança e controlo dos alimentos. Fronteiras em microbiologia. 2017 Abr 18;8:626.

40. Pankhurst QA, Thanh NT, Jones SK, Dobson J. Progress in applications of magnetic nanoparticles in biomedicine (Progresso nas aplicações de nanopartículas magnéticas em biomedicina). Journal of Physics D: Applied Physics. 2009 Nov 6;42(22):224001.

41. Ravindran A, Chandran P, Khan SS. Biofunctionalised silver nanoparticles: advances and prospects. Colloids and Surfaces B: Biointerfaces. 2013 May 1;105:342-52.

42. Salem MZ, Mervat EH, Ali HM, Abdel-Megeed A, El-Settawy AA, Böhm M, Mansour MM, Salem AZ. Bioactivos derivados de plantas: Nova utilização como agentes antimicrobianos, antioxidantes e fitorredutores para a biossíntese de nanopartículas metálicas. Patogénese Microbiana. 2021 Sep 1;158:105107.

43. Malik S, Niazi M, Khan M, Rauff B, Anwar S, Amin F, Hanif R. Estudo da citotoxicidade da síntese de nanopartículas de ouro utilizando Aloe vera, mel e extrato de folhas de Gymnema sylvestre. ACS omega. 2023 Feb 8;8(7):6325-36.

44. Wang C., Mathiyalagan R., Kim Y.J., Castro-Aceituno V., Singh P., Ahn S., Wang

D., Yang D.C. Rapid Green Synthesis of Silver and Gold Nanoparticles Using *Dendropanax morbifera* Leaf Extract and Their Anticancer Activities. *Int. J. Nanomed.* 2016;10:3691-3701.

45. Huang 2010

46. Sharma 2018

47. Suman 2014

48. Yu J, Xu D, Guan HN, Wang C, Huang LK. Síntese fácil e ecológica de nanopartículas de ouro utilizando extractos aquosos de Citrus maxima e a sua atividade catalítica. Materials Letters. 2016 Mar 1;166:110-2.

49. Nagajyothi PC, Lee KD, Sreekanth TV. Síntese biogénica de nanopartículas de ouro (quase-esféricas, triangulares e hexagonais) utilizando o extrato de flores de Lonicera japonica e a sua atividade antimicrobiana. Síntese e Reatividade em Química Inorgânica, Metal-Orgânica e Nano-Metal. 2014 Aug 9;44(7):1011-8.

50. Du YQ, Yang XX, Li WL, Wang J, Huang CZ. Um sistema de administração de fármacos direcionado para o cancro desenvolvido com conjugados de ADN-doxorrubicina mediados por nanopartículas de ouro. RSC advances. 2014;4(66):34830-5.

51. Patil MP, Bayaraa E, Subedi P, Piad LL, Tarte NH, Kim GD. Síntese biogénica, caraterização de nanopartículas de ouro utilizando Lonicera japonica e a sua atividade anticancerígena em células HeLa. Jornal de Ciência e Tecnologia de Entrega de Medicamentos. 2019 Jun 1;51:83-90.

52. Aljabali AA, Akkam Y, Al Zoubi MS, Al-Batayneh KM, Al-Trad B, Abo Alrob O, Alkilany AM, Benamara M, Evans DJ. Síntese de nanopartículas de ouro utilizando extrato de folhas de Ziziphus zizyphus e sua atividade antimicrobiana.

Nanomaterials. 2018 Mar 19;8(3):174.

53. N.U.K. Jalil, M. Shahid, A. Rauf, N. Muhammad, A. Khan, M. Raza, M. Atif

54. Síntese verde e actividades biológicas de nanopartículas de ouro funcionalizadas com *Salix alba* Arab. J. Chem., 12 (2019), pp. 2914-2925

55. A. Jafarizad , K. Safaee, S. Gharibian, Y. Omidi, D. Ekinci Biossíntese e estudo in-vitro de nanopartículas de ouro utilizando extractos de mentha e pelargonium Procedia Mater. Sci., 11 (2015), pp. 224-230

56. Kajani, A.A.; Bordbar, A.-K.; Zarkesh Esfahani, SH; Razmjou, A. Nanopartículas de ouro como potente agente anticancerígeno: Síntese verde, caraterização e estudo in vitro. RSC Adv. **2016**, 6, 63973-63983.

57. Mukherjee, S.; Sau, S.C.; Madhuri, D.; Bollu, V.S.; Madhusudana, K.; Sreedhar, B.; Banerjee, R.; Patra, C.R. Síntese Verde e Caracterização de Nanopartículas de Ouro Monodispersas: Estudo de Toxicidade, Entrega de Doxorrubicina e sua Bio-Distribuição em Modelo de Rato. J. Biomed. Nanotechnol. **2016**, 121, 165-181.

58. Narayanan KB, Sakthivel N. Biossíntese de nanopartículas de ouro mediada por folhas de coentros. Materials Letters. 2008 Dec 15;62(30):4588-90.

59. Edison TJ, Sethuraman MG Síntese instantânea e verde de nanopartículas de prata utilizando extrato de frutos de Terminalia chebula e avaliação da sua atividade catalítica na redução do azul de metileno. Process Biochemistry. 2012 Sep 1;47(9):1351-7.

60. Valentin D, Presas A, Egusquiza E, Valero C. Estudo experimental sobre a massa adicionada e o amortecimento de um disco submerso num tanque parcialmente cheio de fluido com um pequeno confinamento radial. Journal of Fluids and Structures. 2014 Oct 1;50:1-7.

61. Malik P, Shankar R, Malik V, Sharma N, Mukherjee TK. Rotas benignas baseadas na química verde para a síntese de nanopartículas. Jornal de Nanopartículas. 2014;2014.

62. Ayman I, Rasheed A, Ajmal S, Rehman A, Ali A, Shakir I, Warsi M.F. MXene 2D decorado com nanopartículas de CoFe2O4: um novo material híbrido para aplicações em supercapacitores. Energia e Combustíveis. 2020 maio 22;34(6):7622-30.

63. Luo F., Chen Z., Megharaj M., Naidu R. Biomoléculas em extrato de folha de uva envolvidas na síntese de um passo de nanopartículas à base de ferro. *RSC Adv.* 2014;4:53467-53474. doi: 10.1039/C4RA08808E.

64. Makarov V.V., Makarova S.S., Love A.J., Sinitsyna O.V., Dudnik A.O., Yaminsky I.V., Taliansky M.E., Kalinina N.O. Biosíntese de nanopartículas estáveis de óxido de ferro em extractos aquosos de plantas *Hordeum vulgare* e *Rumex acetosa*. *Langmuir.* 2014;30:5982-5988. doi: 10.1021/la5011924.

65. Ahmed B, Rizvi A, Ali K, Lee J, Zaidi A, Khan MS, Musarrat J. Nanopartículas no sistema solo-planta: uma revisão. Cartas de Química Ambiental. 2021 Abr;19:1545-609.

66. Mousavi Kouhi SM, Lahouti M. Aplicação de nanopartículas de ZnO para a indução de calos em cultura de tecidos de colza. Jornal Internacional de Nanociência e Nanotecnologia. 2018 maio 1;14(2):133-41.

67. Kavianifar S, Ghodrati K, Naghdi Badi H, Etminan AR. Efeitos dos nano elicitores na indução de calos e na produção de mucilagem na cultura de tecidos de Linum usitatissimum L. Journal of Medicinal Plants. 2018 Sep 10;17(67):45-54.

68. Marslin G, Siram K, Maqbool Q, Selvakesavan RK, Kruszka D, Kachlicki P, Franklin G. Metabolitos secundários na síntese verde de nanopartículas metálicas. Materiais. 2018 Jun 3;11(6):940.

69. Aswathy CA, Nagaraaj P, Kalanidhi K. Nanopartículas de óxido de cobre suportadas em celulose de base biológica para a redução de compostos nitro-aromáticos. Inorganica Chimica Ata. 2023 Jan 24;545:121243.

70. Shaikhaldein HO, Al-Qurainy F, Khan S, Nadeem M, Tarroum M, Salih AM, Gaafar AR, Alshameri A, Alansi S, Alenezi NA, Alfarraj NS. Biossíntese e caraterização de nanopartículas de ZnO utilizando Ochradenus arabicus e o seu efeito no crescimento e nos sistemas antioxidantes de Maerua oblongifolia. Plantas. 2021 Aug 30;10(9):1808.

71. Demissie MG, Sabir FK, Edossa GD, Gonfa BA. Síntese de nanopartículas de óxido de zinco utilizando extrato de folha de lippia adoensis (koseret) e avaliação da sua atividade antibacteriana. Jornal de Química. 2020 Oct 17;2020:1-9

72. Gunalan S., Sivaraj R., Rajendran V. Nanopartículas de ZnO sintetizadas de forma verde contra agentes patogénicos bacterianos e fúngicos. *Prog. Nat. Sci. Mater. Int.* 2012;22:693-700. doi: 10.1016/j.pnsc.2012.11.015

73. Karnan T, Selvakumar SAS. Biossíntese de nanopartículas de ZnO utilizando o extrato de casca de rambutan (Nephelium lappaceum L.) e a sua atividade fotocatalítica sobre o corante alaranjado de metilo. *J Mol Struct.* 2016;1125:358-65. doi: 10.1016/j.molstruc.2016.07.029. doi: 10.1016/j.molstruc.2016.07.029.

74. Fakhri LA, Ghanbarzadeh B, Dehghannya J, Hosseini M, Dadashi S. Degradação fotocatalítica e biótica da película de embalagem de poliestireno: Efeito de nanopartículas fotocatalisadoras de óxido de zinco e de nanoargila. Chemosphere.

2021 Nov 1;283:130972.

75. Fowsiya J, Madhumitha G, Al-Dhabi NA, Arasu MV. Degradação fotocatalítica do vermelho do Congo utilizando nanopartículas de óxido de zinco revestidas com extrato de Carissa edulis. *J Photochem Photobiol B Biol.* 2016;162:395-401. doi: 10.1016/j.jphotobiol.2016.07.011. doi: 10.1016/j.jphotobiol.2016.07.011.
76. Kulkarni V, Suryawanshi S, Kulkarni P. Biossíntese de nanopartículas de cobre utilizando um extrato aquoso de folhas de plantas de Eucalyptus sp. Current Science. 2015 Jul 25:255-7.
77. Chung WY, Lai YC, Yonezawa T, Liao YC. Sinterização de nanopartículas de cobre com aditivo fotónico para padrões condutores impressos por luz intensa pulsada. Nanomaterials. 2019 Jul 25;9(8):1071.
78. Thakur N, Chrungoo S, Rana S, Kaur S, Kaur S, Pathak A. Effect of copper nanoparticles on in-vitro seed germination of wheat (Triticum Aestivum L.) varieties. Jornal Internacional de Ciências Farmacêuticas e Investigação. 2021;12(8):4307-13.
79. Kaur P, Thakur R, Chaudhury A. Biogénese de nanopartículas de cobre utilizando extrato de casca de Punica granatum e sua atividade antimicrobiana contra agentes patogénicos oportunistas. Green Chemistry Letters and Reviews. 2016 Jan 2;9(1):33-8.
80. Nagar N, Devra V. Green synthesis and characterisation of copper nanoparticles using Azadirachta indica leaves. Química e física de materiais. 2018 Jul 1;213:44-51.
81. Sharma P, Goyal D, Baranwal M, Chudasama B. ROS-induced cytotoxicity of colloidal copper nanoparticles in MCF-7 human breast cancer cell line: an in vitro

study. Jornal de Pesquisa de Nanopartículas. 2020 Ago;22:1-1.

82. Asghar MA, Asghar MA. Nanopartículas de cobre sintetizadas e caracterizadas de forma ecológica utilizando vários extractos de novas plantas agravam os danos nas membranas celulares microbianas após interação com lipopolissacarídeos. Revista internacional de macromoléculas biológicas. 2020 Oct 1;160:1168-76.

83. Amer M, Awwad A. Síntese ecológica de nanopartículas de cobre através do extrato de frutos de Citrus limon, caraterização e atividade antibacteriana.

84. Cuevas R, Durán N, Diez MC, Tortella GR, Rubilar O. Biossíntese extracelular de nanopartículas de cobre e óxido de cobre por Stereum hirsutum, um fungo nativo de podridão branca das florestas chilenas. Journal of Nanomaterials. 2015 Jan 1;16(1):57-.

85. Saranyaadevi K, Subha V, Ravindran RE, Renganathan S. Síntese e caraterização de nanopartículas de cobre utilizando extrato de folhas de Capparis zeylanica. Int J Chem Tech Res. 2014;6(10):4533-1.

86. Kumar K.M., Mandal B.K., Tammina S.K. Síntese verde de nano platina usando polifenóis de ocorrência natural. *RSC Adv.* 2013;3:4033. doi: 10.1039/c3ra22959a.

87. Ayguna A., Gülbagcaa F., Ozerb L.Y., Ustaogluc B., Altunogluc Y.C., Balogluc M.C., Atalard M.N., Almae M.H., Sena F. Biogenic platinum nanoparticles using black cumin seed and their potential usage as antimicrobial and anticancer agent. *J. Pharm. Biomed. Anal.* 2020;179:112961. doi: 10.1016/j.jpba.2019.112961.

88. Song L, Vijver MG, Peijnenburg WJ. Toxicidade comparativa de nanopartículas de cobre em três espécies de Lemnaceae. Science of the Total Environment. 2015 Jun 15;518:217-24.

89. Sheny DS, Philip D, Mathew J. Síntese de nanopartículas de platina utilizando folhas secas de Anacardium occidentale e suas aplicações catalíticas e térmicas. Spectrochimica Ata Parte A: Espectroscopia Molecular e Biomolecular. 2013 Oct 1;114:267-71.

90. Rajput S, Werezuk R, Lange RM, McDermott MT. Isolado fúngico optimizado para a biogénese de nanopartículas de prata com maior estabilidade coloidal. Langmuir. 2016 Aug 30;32(34):8688-97.

91. Pandey S, Oza G, Mewada A, Sharon M. Green synthesis of highly stable gold nanoparticles using Momordica charantia as nano fabricator. Arch. Appl. Sci. Res. 2012;4(2):1135-41.

92. Vanaja M, Paulkumar K, Baburaja M, Rajeshkumar S, Gnanajobitha G, Malarkodi C, Sivakavinesan M, Annadurai G. Degradação do azul de metileno utilizando nanopartículas de prata sintetizadas biologicamente. Química bioinorgânica e aplicações. 2014 Mar 19;2014.

93. Darroudi M, Zak AK, Muhamad MR, Huang NM, Hakimi M. Síntese verde de nanopartículas de prata coloidal por método sonoquímico. Cartas de Materiais. 2012 Jan 1;66(1):117-20.

94. Kuchibhatla SV, Karakoti AS, Baer DR, Samudrala S, Engelhard MH, Amonette JE, Thevuthasan S, Seal S. Influência do envelhecimento e do ambiente na química das nanopartículas: implicações para os efeitos de confinamento na nanoceria. The Journal of Physical Chemistry C. 2012 Jul 5;116(26):14108-14 Husseiny SM, Salah TA, Anter HA Biosíntese de nanopartículas de prata de tamanho controlado por Fusarium oxysporum, suas actividades antibacterianas e

antitumorais. Jornal da Universidade de Beni-Suef de Ciências Básicas e Aplicadas. 2015 Sep 1;4(3):225-31.

95. Tran QH, Le AT. Silver nanoparticles: synthesis, properties, toxicology, applications and perspectives. Avanços em ciências naturais: nanociência e nanotecnologia. 2013 May 14;4(3):033001.

96. Egorov N (1995). Microrganismos - antagonistas e métodos biológicos para avaliação da atividade antibiótica, Moskva: Vissha shkola, 200.

97. Newyork NY, Barnett HL e Hunter BB (1972). Illustrated genera of imperfecti fungi. Burgers Company, Minneapolis.

98. Guo H, Barnard AS. Nanopartículas de óxido de ferro de ocorrência natural: morfologia, química de superfície e estabilidade ambiental. Journal of Materials Chemistry A. 2013;1(1):27-42.

99. Walker CH, St. John JV, Wisian-Neilson P. Síntese e controlo do tamanho de nanopartículas de ouro estabilizadas por poli (metilfenilfosfazeno). Journal of the American Chemical Society. 2001 Abr 25;123(16):3846-7.

100. Mourdikoudis S, Pallares RM, Thanh NT. Técnicas de caraterização de nanopartículas: comparação e complementaridade no estudo das propriedades das nanopartículas. Nanoscale. 2018;10(27):12871-934.

MIX
Papier aus verantwortungsvollen Quellen
Paper from responsible sources
FSC® C105338

Printed by Books on Demand GmbH, Norderstedt / Germany